吉林省“十二五”期间科技论文统计分析（2011—2015）

王　欣　胡璐璐　主编

科学技术文献出版社
SCIENTIFIC AND TECHNICAL DOCUMENTATION PRESS
·北京·

图书在版编目（CIP）数据

吉林省“十二五”期间科技论文统计分析：2011—2015 / 王欣，胡璐璐主编. —北京：科学技术文献出版社，2018. 6

ISBN 978-7-5189-4570-2

Ⅰ. ①吉…　Ⅱ. ①王…　②胡…　Ⅲ. ①科学技术—论文—统计分析—吉林—2011—2015　Ⅳ. ① N53

中国版本图书馆 CIP 数据核字（2018）第 132662 号

吉林省“十二五”期间科技论文统计分析：2011—2015

策划编辑：李　蕊　责任编辑：李　晴　廖晓莹　责任校对：文　浩　责任出版：张志平

出 版 者　科学技术文献出版社
地　　址　北京市复兴路15号　邮编　100038
编 务 部　（010）58882938，58882087（传真）
发 行 部　（010）58882868，58882870（传真）
邮 购 部　（010）58882873
官方网址　www.stdp.com.cn
发 行 者　科学技术文献出版社发行　全国各地新华书店经销
印 刷 者　北京虎彩文化传播有限公司
版　　次　2018 年 6 月第 1 版　2018 年 6 月第 1 次印刷
开　　本　889 × 1194　1/16
字　　数　269千
印　　张　12.75
书　　号　ISBN 978-7-5189-4570-2
定　　价　56.00元

前 言

科技论文是科学研究活动的重要产出形式，是基础研究的主要成果形式，是反映科研成果、开展学术交流研究的重要手段，是增进科技交流与合作的有效途径。通过对一个地区的科技论文的产出量及影响力进行统计、分析及评价，可以从一个侧面反映该地区科学研究工作的创新性和发展性，揭示该地区科研活动的活跃程度、科研发展的现状及规律、科研实绩和科技管理水平，是宏观了解和把握一个地区、一个学科、一个科研人员学术水平、科研能力和潜力的重要指标。

本书为吉林省科学技术信息研究所资助项目，借助 Web of Science、ProQuest Dialog、中国知网、中国引文数据库等检索平台及查阅《中国科技统计年鉴》，针对“十二五”期间吉林省科研人员在国内外发表的科技论文情况进行统计与分析，利用 Excel 软件对吉林省国内外科技论文的城市分布、学科分布、被引用情况、机构分布、基金资助及高端论文产出等情况进行客观分析，从多角度反映吉林省科研能力综合水平。

科技论文产出情况是衡量地区科技实力的重要参数之一，本书对“十二五”期间吉林省科研人员科技论文产出情况进行统计分析，从城市分布、学科分布、被引用情况、机构分布、基金资助及高端论文产出等方面进行论述，为 2011—2015 年间吉林省科研能力水平提供客观数据支持，也可供地区科研管理部门制订科技规划、引进人才、实施成果等参考。由于作者水平有限，书中若有疏漏、错误之处敬请同行与读者批评指正。

目录

第一章 引 言

科技论文是科学研究活动的重要产出形式，是基础研究的主要成果形式，是反映科研成果、开展学术交流研究的重要手段，是增进科技交流与合作的有效途径。通过对一个地区的科技论文的产出量及影响力进行统计、分析及评价，可以从一个侧面反映该地区科学研究工作的创新性和发展性，揭示该地区科研活动的活跃程度、科研发展的现状及规律、科研实绩和科技管理水平，是宏观了解和把握一个地区、一个学科、一个科研人员学术水平、科研能力和潜力的重要指标。“十二五”时期正处于中国经济转型的节点，科学技术创新是“十二五”规划的根本支撑。“十二五”时期的主要任务是增强科技创新能力，加快教育改革发展，培养高素质人才。因此，“十二五”期间发表的学术论文具有代表性，更能揭示一个地区在此时间段内的科研活动的活跃程度、科研发展的现状及规律，是宏观了解和把握一个地区学科分布、热点领域分布、科研人员水平能力的重要指标。

吉林省是东北地区经济水平相对落后的省份，科研能力水平较弱。本次研究主要通过对吉林省“十二五”期间科研学者所发表的国内外科技论文进行分类检索，利用 Excel 软件从文献计量学角度对吉林省国内外科技论文的城市分布、学科分布、被引用情况、机构分布、基金资助及高端论文产出情况等方面进行统计分析，从而客观评价吉林省的科研能力水平，进而为政府决策科研投入产出提供数据支持，为企事业单位把握前沿科技发展方向提供参考。

1.1 数据来源

《中国科技统计年鉴》是国家统计局社会科技和文化产业统计司和科技部创新发展司共同编辑，反映我国科技活动情况的统计资料。其中，收录了全国 31 个省、自治区、直辖市及国务院有关部门各年度科技统计数据。本次研究的部分数据来源于《中国科技统计年鉴》的第三部分——研究与开发机构统计资料、第四部分——高等学校科技活动统计资料及第七部分——科技活动成果统计资料。

利用中国知网（CNKI），检索条件为（核心期刊 =Y）并且年 between（2011，2015）并且（（（（机构 = 吉林或者机构 = 长春）或者机构 = 四平）或者机构 = 通化）或者机构 = 延边）（模糊匹配），专辑导航：全部；数据库：学术期刊—单库检索，得到检索结果为 56 181 篇核心期刊文献。

美国《科学引文索引》（Science Citation Index，SCI），是由美国科学情报研究所于 1961 年创立，报道生命科学、医学、生物、物理、化学、农业、工程技术领域内的科技文献，是目前国际上最具权威性的用于基础研究和应用研究科研成果的评价体系。包括 Science Citation Index Expanded（SCI-Expanded）、Saocial Sciences Citation Index（SSCI）、Arts & Humanities Citation Index（A&HCI）、Conference Proceedings Citation Index-Science（CPCI-S）、Conference Proceedings Citation Index-Social Science & Humanities（CPCI-SSH）、Book Citation Index Science（BKCI-S）、Book Citation Index Social Sciences & Humanities（BKCI-SSH）、Emerging Sources

Citation Index（ESCI）等数据库。

Conference Proceedings Citation Index-Science（CPCI-S），原名 ISTP。ISTP 是美国科学情报研究所出版的科学技术会议录索引。该索引收录生命科学、物理与化学科学、农业、生物和环境科学、工程技术和应用科学等学科的会议文献，包括一般性会议、座谈会、研究会、讨论会、发表会等。

通过 Web of Science 检索平台，以长春、吉林、四平、松原、白城、辽源、通化、白山 8 个地级市和延边朝鲜族自治州作为检索词，限定检索字段为城市，时间跨度为 2011—2015。采用高级检索，其检索式为：CI=jilin or CI=Changchun or CI=songyuan or CI=siping or CI=tonghua or CI=baicheng or CI=yanbian or CI=baishan or PS=jilin（索引 =SCI-Expanded 和 SSCI），得到城市为吉林省的 SCI 文献 36 006 篇。选择 CPCI、CPCI-SSH 数据库，检索式不变，得到吉林省国际会议论文 12 540 篇。

美国《工程索引》（The Engineering Index，EI），创刊于 1884 年，由美国工程信息公司编辑出版。作为世界著名的工程技术领域的文献检索系统，其涵盖了核技术、生物工程、交通运输、化学和工艺工程、照明和光学技术、农业工程和食品技术、计算机和数据处理、应用物理、电子和通信、控制工程、土木工程、机械工程、材料工程、石油、宇航、汽车工程等领域及上述领域的子学科等 190 个应用科学和工程类别。Engineering Village 平台共包括 Ei Compendex、Inspec-IET、NTIS、GEOBASE、GeoRef-AGI、US Patent-USPTO&EU Patents-EPO、Paperchem、Chimica、CBNB、EnCompassLIT&EnCompassPAT 等数据库。

借助 ProQuest Dialog 检索平台，选择 EI-Compendex 数据库，以长春、吉林、四平、松原、白城、辽源、通化、白山 8 个地级市和延边朝鲜族自治州作为检索词，限定检索字段为机构，出版时间为 2011 年 1 月 1 日至 2015 年 12 月 31 日，更新时间在 2018 年 1 月 1 日之前，出版物类型为学术期刊，得到机构为吉林省的学术期刊论文 29 007 篇。其检索式为：（af（jilin）OR af（changchun）OR af（yanbian）OR af（siping）OR af（baishan）OR af（baicheng）OR af（tonghua）OR af（songyuan）OR af（liaoyuan））and（pd（20110101–20151231）and ud（<20180101））。

1.2 分析方法

运用科学计量学指标及其相关原理，以中国知网、中国引文数据库、SCI、CPCI、EI 等数据库为视角进行科研实力比较研究。在选取或优化比较指标的基础上，应用文献计量法、数理统计方法、计算机软件等研究方法，从论文数量、质量及影响力等方面来定量分析吉林省科研实力状况，从中定位吉林省科研实力水平，找出吉林省科研发展规律。

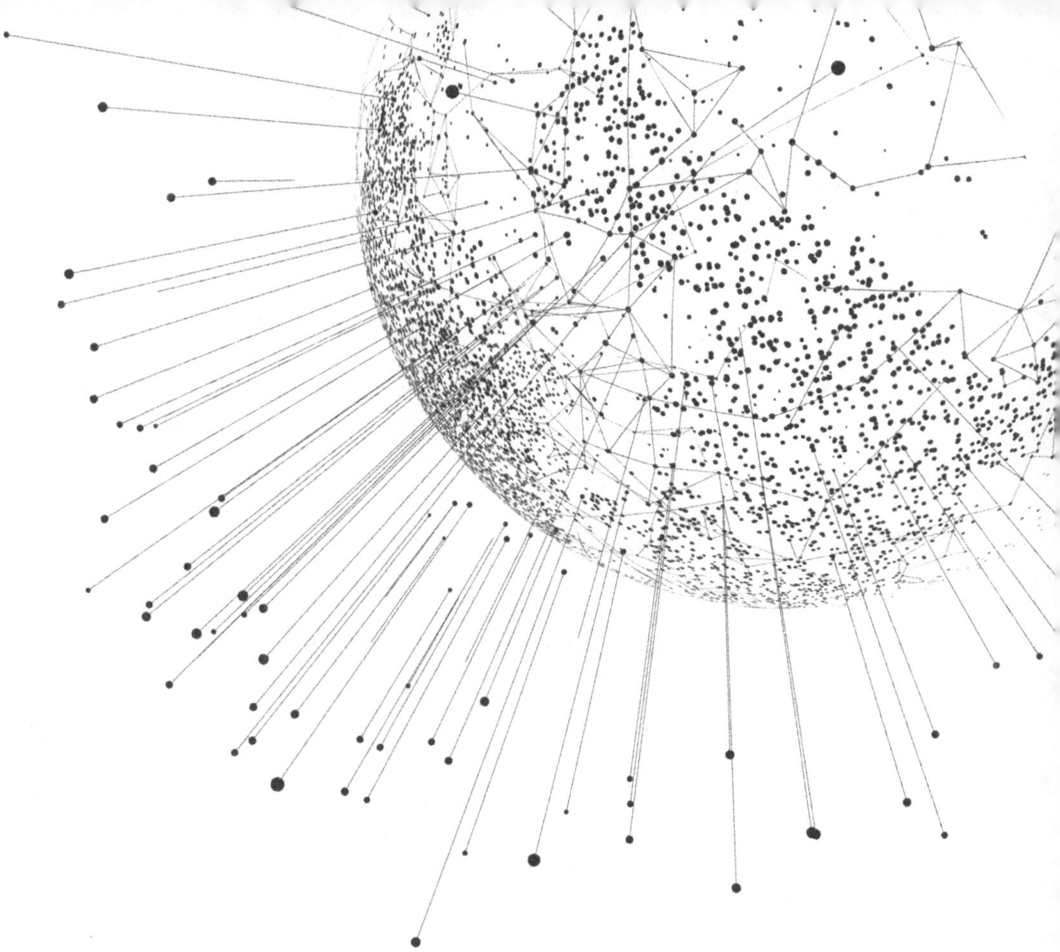

第二章

吉林省“十二五”期间科技论文产出总体情况与趋势分析

2.1 概况

科技论文是科研实力的重要表现形式。科技论文产出情况可有效衡量某个国家或地区的科研实力。科技论文的数量、质量、影响力等是判断其科研实力强弱的重要标志。中国知网、科学引文索引（Science Citation Index，SCI）、工程索引（Engineering Index，EI）、科技会议录索引（Conference Proceedings Citation Index，CPCI）等数据库收录了大量国内外科技研究的优秀成果。为深入了解吉林省科技水平发展概况，本书对“十二五”期间吉林省学者发表科技论文被上述数据库收录情况进行分析，从而得知吉林省发表科技论文现状及其整体水平。

通过《中国科技统计年鉴》中各地区研究与开发机构科技产出、各地区高等学校科技产出统计资料，可以得到 2011—2015 年吉林省高等学校、研究与开发机构发表科技论文情况，如表 2–1 所示。2011—2015 年吉林省高等学校发表科技论文总数为 144 023 篇，其中国外发表 27 076 篇；研究与开发机构发表科技论文总数为 21 808 篇，其中国外发表 6516 篇。吉林省高等学校、研究与开发机构各年发表科技论文总数占全国发表科技论文总数比例变化情况如图 2–1 所示。可以看到，高等学校发表的科技论文总数随着时间的变化呈平稳增长的趋势；研究与开发机构发表的科技论文总数随时间的变化略有下降。总体来说，吉林省发表的科技论文总数占全国科技论文总数的比例在 2.60% 左右。

表 2–1　2011—2015 年吉林省高等学校、研究与开发机构发表科技论文情况

机构类型	论文类型	各年发表论文数 / 篇					论文总数 / 篇
		2011 年	2012 年	2013 年	2014 年	2015 年	
高等学校	发表科技论文总数	27 919	25 480	28 634	27 489	34 501	144 023
	国外发表科技论文数	4155	4099	5564	4181	9077	27 076
研究与开发机构	发表科技论文总数	4212	4823	4617	4608	3548	21 808
	国外发表科技论文数	975	1424	1217	1544	1356	6516

2011 年吉林省发表 SCI、EI、CPCI 科技论文在全国排名分别为第 12、第 13、第 19 位，2012 年吉林省发表 SCI、EI、CPCI 科技论文在全国排名分别为第 13、第 14、第 16 位，2013 年吉林省发表 SCI、EI、CPCI 科技论文在全国排名分别为第 15、第 14、第 15 位，2014 年吉林省发表 SCI、EI、CPCI 科技论文在全国排名分别为第 15、第 14、第 10 位。2011—2014 年吉林省发表的 SCI、EI 科技论文数在全国范围内排名较稳定，处于第 14 位左右；CPCI 科技论文数在全国范围内有所提升，说明吉林省学者发表国际会议论文数有所增加。①

① 因为关于国外主要检索工具（SCI、EI、CPCI）收录中国科技论文的数据，《中国科技统计年鉴》只收录到 2014 年，所以未对 2015 年 SCI、EI、CPCI 收录的吉林省科技论文数在全国所处位置及影响力情况进行分析。

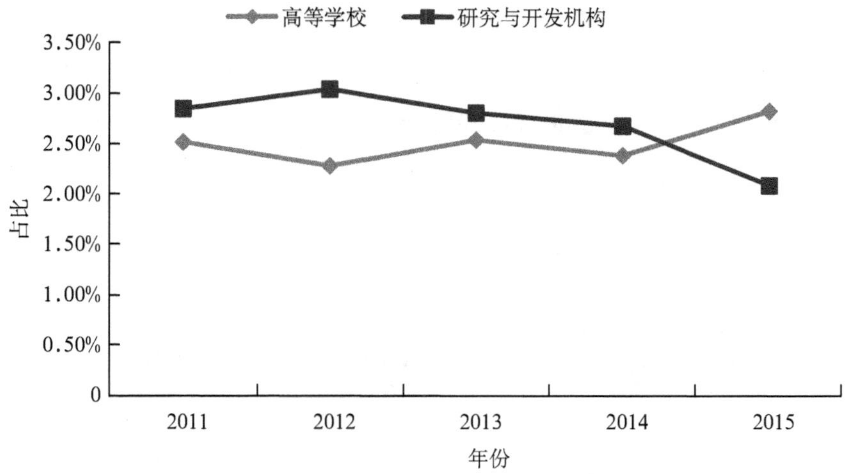

图 2-1　2011—2015 年吉林省高等学校、研究与开发机构发表科技论文数占全国发表科技论文总数的比例变化情况

国外主要检索工具收录吉林省科技论文数量变化情况如图 2–2 所示，其数据来源于《中国科技统计年鉴》(2011—2016 年)。从图 2–2 可以看出，2011—2014 年吉林省发表的 SCI、EI 科技论文数基本处于逐步增长趋势，一方面说明吉林省科研人员重视论文的质量，将科研成果发表在质量更佳的期刊上；另一方面说明吉林省科研人员及其单位的科研水平有所提高，科研投入有一定的科研产出成果。

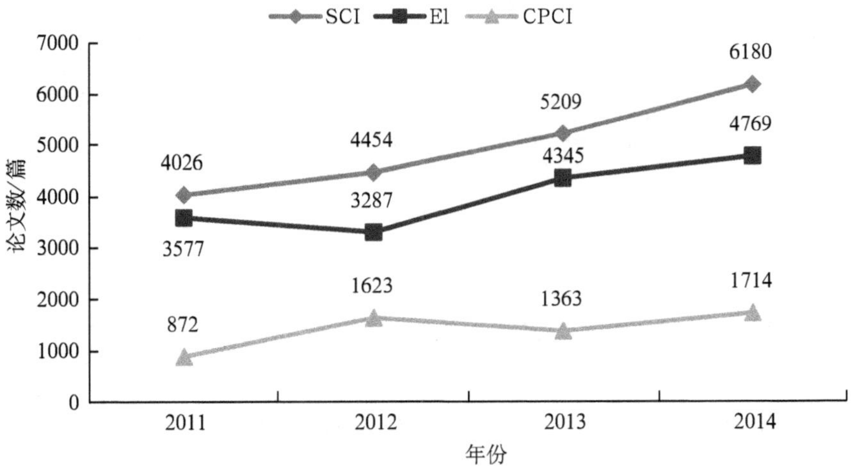

图 2–2　2011—2014 年 SCI、EI、CPCI 收录吉林省科技论文数变化情况

2.2　国际部分

2011—2015 年吉林省发表科技论文被 SCI、EI、CPCI 收录情况如表 2–2 所示，其数据来源于 Web of Science 检索平台、Pro Quest Dialog 检索平台 EI-Compendex 数据库。2011—2015 年吉林省每年被三大检索工具收录论文总数变化情况如图 2–3 所示。总体来看，2011—2014 年，三

大检索系统收录的吉林省科技论文总数呈逐年增长趋势；但2014—2015年，EI收录论文数略有下降。SCI收录论文数平均年增长率为12.18%；EI收录论文数2011—2014年的平均增长率为11.26%，2015年较2014年下降了5.88%；CPCI收录论文数2012年比2011年增长了43.02%，2012—2013年CPCI收录论文数基本持平。

表2-2　2011—2015年SCI、EI、CPCI收录吉林省科技论文情况

单位：篇

年份	SCI论文数	EI论文数	CPCI论文数	论文总数
2011年	5631	4840	1862	12 333
2012年	6291	5259	2663	14 213
2013年	7124	5974	2650	15 748
2014年	8045	6663	2685	17 393
2015年	8915	6271	2680	17 866
论文总数	36 006	29 007	12 540	77 553

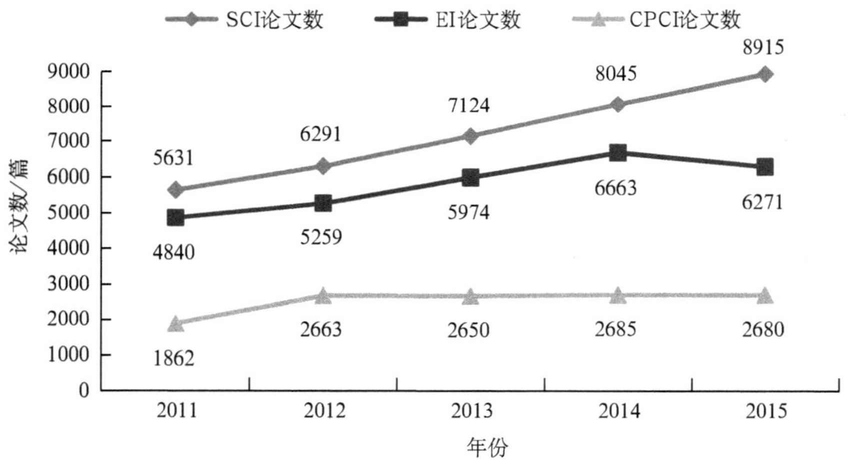

图2-3　2011—2015年SCI、EI、CPCI收录吉林省科技论文情况

2.2.1　2011—2015年SCI、CPCI、EI收录中国科技论文的地区分布情况

通过Web of Science平台选择Science Citation Index Expanded（SCI-Expanded）、Social Sciences Citation Index（SSCI）数据库进行检索。检索结果为，2011—2015年SCI核心期刊收录中国（不含港澳台地区，下同）科技论文总数为1 287 311篇，其中，收录吉林省发表的SCI核心期刊科技论文36 006篇，占中国SCI核心期刊科技论文总数的2.80%，排在全国第10位（表2-3、图2-4）。通过Web of Science平台选择Conference Proceedings Citation Index-Science

(CPCI-S)、Conference Proceedings Citation Index-Social Science & Humanities (CPCI-SSH) 数据库进行检索。检索结果为，2011—2015 年 CPCI 收录中国国际会议论文总数为 522 977 篇，其中收录吉林省发表的 CPCI 国际会议论文 12 540 篇，占中国 CPCI 国际会议论文总数的 2.40%，排在全国第 16 位（表 2–4、图 2–5）。通过 ProQuest Dialog 检索平台，选择 EI-Compendex 数据库进行学术期刊检索。检索结果为，2011—2015 年 EI 学术期刊收录中国科技论文总数为 851 673 篇，其中，收录吉林省发表的 EI 学术期刊科技论文 29 007 篇，占中国 EI 学术期刊科技论文总数的 3.41%。

表 2–3　2011—2015 年 SCI 收录中国科技论文的地区分布情况

地区	SCI 论文数 / 篇	占全国 SCI 论文总数的比重	排名
北京	289 512	22.49%	1
上海	145 203	11.28%	2
江苏	105 823	8.22%	3
四川	87 197	6.77%	4
广东	81 397	6.32%	5
浙江	73 112	5.68%	6
辽宁	54 159	4.21%	7
天津	42 535	3.30%	8
湖南	40 509	3.15%	9
吉林	36 006	2.80%	10
黑龙江	34 276	2.66%	11
重庆	30 594	2.38%	12
湖北	29 730	2.31%	13
安徽	28 735	2.23%	14
陕西	27 876	2.17%	15
山东	24 211	1.88%	16
甘肃	23 713	1.84%	17
河南	22 182	1.72%	18
福建	20 464	1.59%	19
河北	18 649	1.45%	20
广西	12 398	0.96%	21
云南	11 734	0.91%	22

续表

地区	SCI 论文数 / 篇	占全国 SCI 论文总数的比重	排名
山西	10 544	0.82%	23
江西	9888	0.77%	24
新疆	8335	0.65%	25
贵州	5430	0.42%	26
内蒙古	5079	0.39%	27
海南	3478	0.27%	28
宁夏	2228	0.17%	29
青海	1628	0.13%	30
西藏	686	0.05%	31
总计	1 287 311		

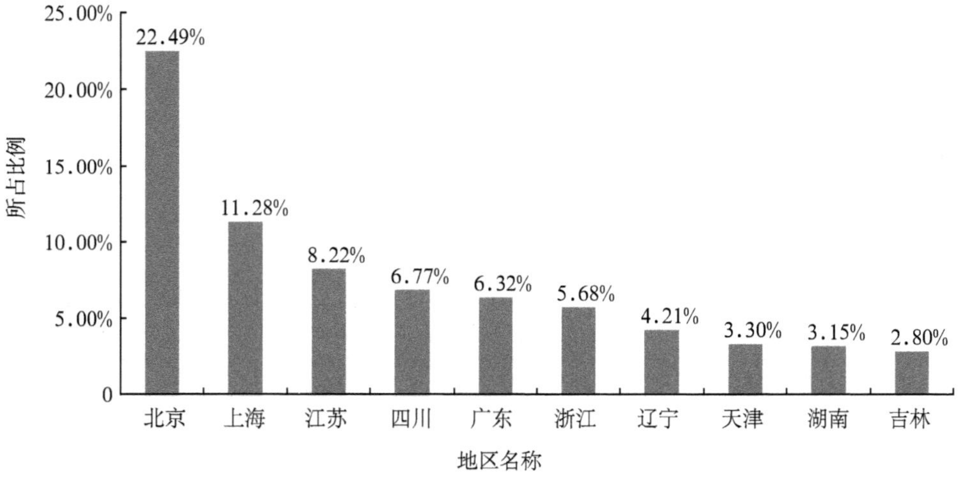

图 2-4　2011—2015 年 SCI 收录中国科技论文的地区占比情况（前 10 位）

表 2-4　2011—2015 年 CPCI 收录中国科技论文的地区分布情况

地区	CPCI 论文数 / 篇	占全国 CPCI 论文总数的比重	排名
北京	103 503	19.79%	1
上海	37 049	7.08%	2
江苏	33 124	6.33%	3
四川	29 642	5.67%	4

续表

地区	CPCI 论文数／篇	占全国 CPCI 论文总数的比重	排名
湖北	29 467	5.63%	5
陕西	28 877	5.52%	6
辽宁	26 574	5.08%	7
山东	26 569	5.08%	8
浙江	22 122	4.23%	9
广东	20 713	3.96%	10
黑龙江	18 503	3.54%	11
天津	17 359	3.32%	12
河北	16 857	3.22%	13
河南	15 489	2.96%	14
湖南	15 025	2.87%	15
吉林	12 540	2.40%	16
重庆	10 295	1.97%	17
安徽	10 169	1.94%	18
江西	8299	1.59%	19
云南	6629	1.27%	20
山西	5490	1.05%	21
广西	5327	1.02%	22
甘肃	5024	0.96%	23
海南	4143	0.79%	24
福建	4136	0.79%	25
贵州	3789	0.72%	26
内蒙古	2934	0.56%	27
新疆	1739	0.33%	28
宁夏	878	0.17%	29
青海	541	0.10%	30
西藏	171	0.03%	31
总计	522 977		

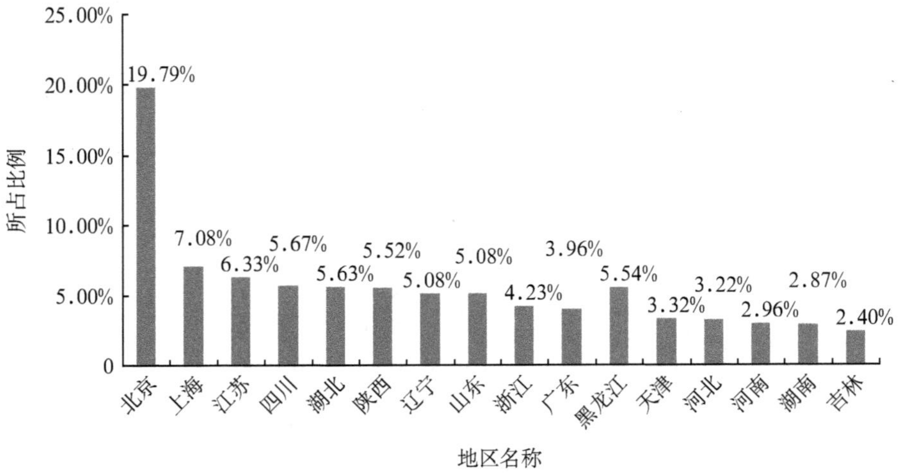

图 2-5　2011—2015 年 CPCI 收录中国科技论文的地区占比情况（前 16 位）

2.2.2　2011—2015 年 SCI 核心期刊论文被引用情况

通过 Web of Science 检索平台，检索到 2011—2015 年 SCI 核心期刊数据库收录吉林省科技论文共 36 006 篇，总被引次数为 432 508 次，其中 429 篇为高被引论文，总被引次数为 76 903 次。2011—2015 年 SCI 核心期刊收录吉林省论文被引用情况如表 2–5 所示，SCI 核心期刊收录吉林省论文数稳步增长，平均年增长率保持在 12.18% 左右；高被引论文篇数呈增长趋势，2012 年比 2011 年增长了 15.79%，2013 年比 2012 年增长了 53.03%；2013—2015 年高被引论文数均保持在 100 篇左右。每年高被引论文数占吉林省 SCI 论文总数的平均比例保持在 1.18% 左右。这说明吉林省每年仅有 1.18% 的 SCI 核心期刊论文的质量较高，而这些论文可以归入其相应学术领域同一出版年最优秀的前 1% 之列。

表 2–5　2011—2015 年 SCI 核心期刊收录吉林省论文被引用情况

年份	SCI 论文数 / 篇	高被引论文数 / 篇	总被引次数
2011 年	5631	57	13 393
2012 年	6291	66	15 259
2013 年	7124	101	19 169
2014 年	8045	102	17 995
2015 年	8915	103	11 087

2.3　国内部分

2.3.1　2011—2015 年中国引文数据库收录吉林省科技论文数的地区分布情况

截至 2017 年年底，“十二五”期间中国引文数据库共收录吉林省全部期刊论文数为 181 691

篇，占全国论文总数的2.53%，在全国31个省（市、区）中排名第16位。排名前16位的地区分别为北京、江苏、广东、河南、山东、湖北、浙江、上海、陕西、四川、辽宁、河北、湖南、黑龙江、安徽、吉林（表2–6）。2011—2015年中国引文数据库收录部分省份中国科技论文的地区占比情况如图2–6所示。

表2–6 2011—2015年中国引文数据库收录的中国期刊论文按地区分布

地区	论文数 / 篇	占比	排名
北京	757 192	10.56%	1
江苏	688 965	9.60%	2
广东	470 777	6.56%	3
河南	367 059	5.12%	4
山东	355 564	4.96%	5
湖北	341 690	4.76%	6
浙江	325 054	4.53%	7
上海	319 105	4.45%	8
陕西	295 816	4.12%	9
四川	285 622	3.98%	10
辽宁	278 949	3.89%	11
河北	256 783	3.58%	12
湖南	231 447	3.23%	13
黑龙江	224 612	3.13%	14
安徽	190 496	2.66%	15
吉林	181 691	2.53%	16
广西	175 835	2.45%	17
福建	172 982	2.41%	18
重庆	154 115	2.15%	19
天津	152 921	2.13%	20
山西	148 956	2.08%	21
江西	141 117	1.97%	22
甘肃	126 565	1.76%	23
云南	117 518	1.64%	24
新疆	116 559	1.62%	25
内蒙古	96 023	1.34%	26
贵州	91 922	1.28%	27
宁夏	35 453	0.49%	28
海南	34 763	0.48%	29
青海	27 766	0.39%	30
西藏	9685	0.14%	31
总计	7 173 002		

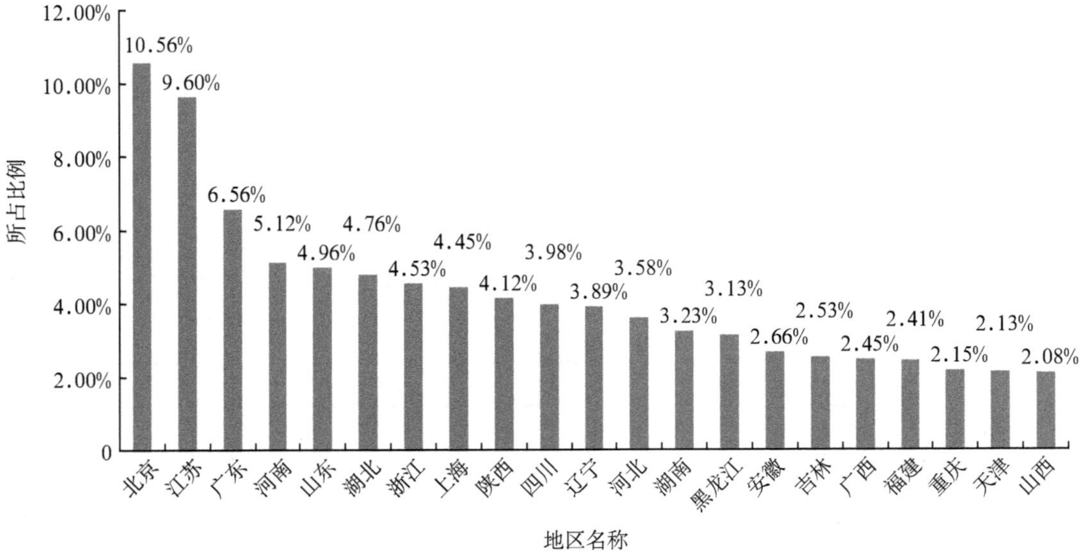

图 2-6　2011—2015 年中国引文数据库收录中国科技论文的地区占比情况（前 21 位）

2.3.2　2011—2015 年中国引文数据库收录吉林省期刊论文数变化情况

2011—2015 年中国引文数据库收录吉林省期刊论文数变化情况如图 2-7 所示，总体趋势略有下降。

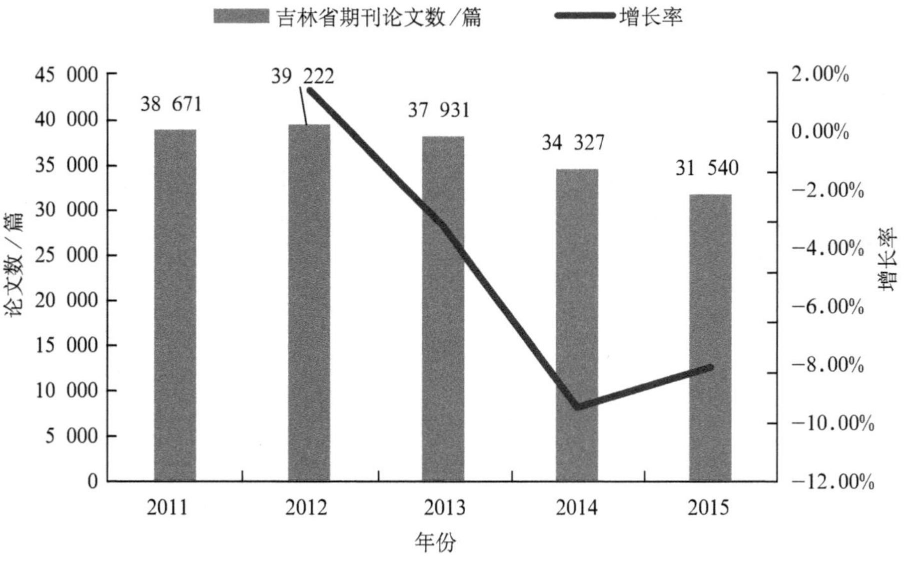

图 2-7　2011—2015 年中国引文数据库收录吉林省期刊论文数变化情况

2.3.3　2011—2015 年中国引文数据库收录吉林省期刊论文被引用情况

2011—2015 年中国引文数据库收录中国科技论文被引用情况按地区分布如表 2-7 所示，吉林省科技论文在2011—2015年被中国引文数据库引用总次数为280 378次，在全国各省市中排名第16位。排名前16位的地区分别为北京、江苏、广东、上海、湖北、浙江、山东、河南、陕西、四川、辽宁、湖南、河北、黑龙江、安徽、吉林（图2–8）。2011—2015年吉林省学者发表的核心期刊论文被引用总次数为132 777次，在全国各省市中排名第18位，发表的核心期刊论文数占全部论文数30.68%，并且有至少97篇论文被引用97次以上。

表2–7　2011—2015年中国引文数据库收录中国科技论文被引用情况按地区分布

地区	论文数／篇	被引总次数	核心期刊论文数／篇	被核心期刊引用次数	H指数	排名
北京	757 192	1 548 089	380 186	1 099 574	244	1
江苏	688 965	1 096 248	230 015	554 573	152	2
广东	470 777	839 154	139 606	242 127	136	3
上海	319 105	585 635	139 153	345 247	161	4
湖北	341 690	583 912	121 057	314 152	141	5
浙江	325 054	560 459	98 682	249 712	135	6
山东	355 564	555 564	108 069	267 285	109	7
河南	367 059	534 501	99 428	198 651	93	8
陕西	295 816	469 135	112 969	285 985	116	9
四川	285 622	465 874	103 414	245 809	116	10
辽宁	278 949	413 763	84 756	210 789	116	11
湖南	231 447	400 668	75 679	201 355	104	12
河北	256 783	374 653	69 886	143 767	93	13
黑龙江	224 612	321 226	56 215	147 468	87	14
安徽	190 496	298 830	51 603	135 327	99	15
吉林	181 691	280 378	55 735	132 777	97	16
广西	175 835	275 956	42 622	90 719	71	17
重庆	154 115	271 928	65 680	146 547	105	18
天津	152 921	253 336	61 075	146 402	113	19
福建	172 982	244 638	42 682	111 472	97	20
山西	148 956	205 988	33 638	81 661	72	21
江西	141 117	204 750	42 355	92 595	85	22
甘肃	126 565	186 703	36 485	105 260	83	23

续表

地区	论文数／篇	被引总次数	核心期刊论文数／篇	被核心期刊引用次数	H 指数	排名
新疆	116 559	173 056	31 439	85 730	72	24
云南	117 518	169 127	31 860	79 289	71	25
贵州	91 922	125 536	27 704	57 888	66	26
内蒙古	96 023	117 456	20 880	50 655	61	27
海南	34 763	52 680	11 088	23 462	50	28
宁夏	35 453	48 207	9284	20 557	46	29
青海	27 766	36 280	6813	16 871	43	30
西藏	9685	11 462	2476	6396	36	31

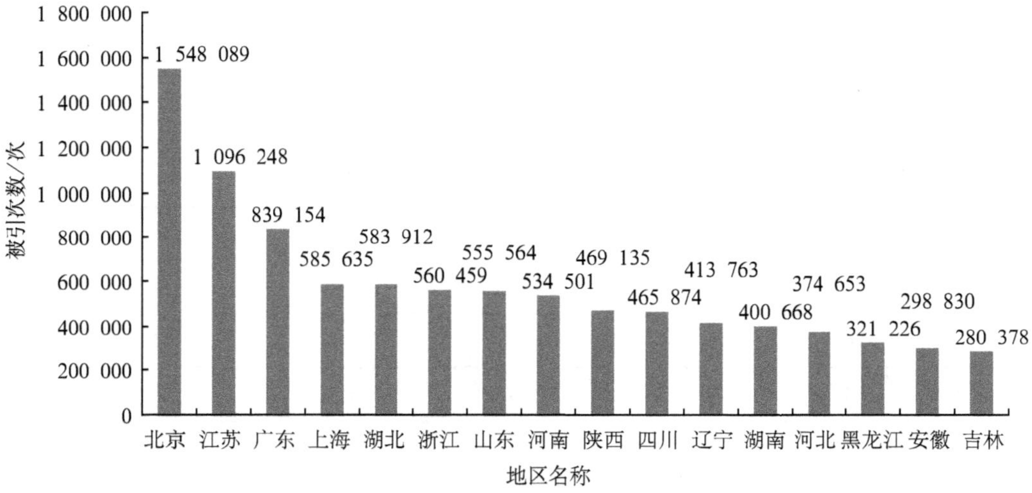

图 2-8　2011—2015 年中国引文数据库收录的中国科技论文被引次数情况（前 16 位）

（作者：胡璐璐）

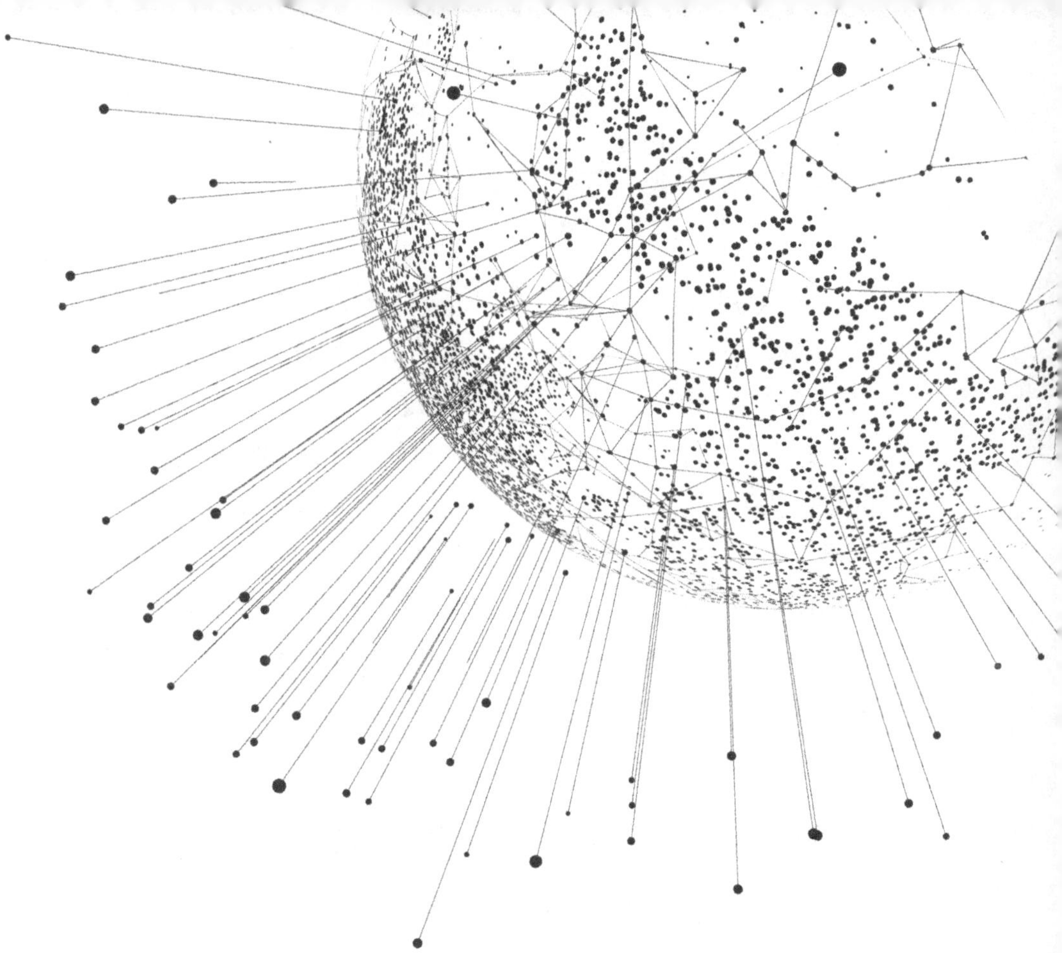

第三章
学科分布情况

学科的建设与发展关系到某一科学研究领域或其分支内若干相近专业和研究方向的发展。应通过凝聚科研方向、建设科研团队、搭建科研平台等措施促进科学研究不断向纵深发展。了解学科的地位、作用和相互关系、学科现状及在国际上的发展趋势，对于加强中国科学技术的发展、实现科学技术的跨越式发展、促进知识创新和技术创新与经济发展有重要作用；对于提高中国的综合国力及其在国际上的竞争能力、推动人类文明进步有着十分重要的意义。

本章运用文献计量学方法，基于各学科论文被三大主要检索工具 SCI、EI、CPCI 和中国引文数据库收录的统计数据，对各检索系统收录的论文学科分布情况进行统计和分析，并对吉林省重点发展的优势学科进行比较分析，重点阐述学科的特点、优先发展领域、学科间的相互关系及学科的国际地位等。

3.1 2011—2015 年吉林省各学科收录论文分布情况

本章主要研究 2011—2015 年吉林省发表科技论文 SCI、CPCI、中国引文数据库收录的学科分布情况，以及 EI 收录论文的研究主题分布情况。

3.1.1 国际论文学科分布情况

3.1.1.1 吉林省 SCI 论文的学科分布排名情况

2011—2015 年，吉林省 SCI 论文数量占比超过 10% 的学科为化学、材料科学、物理学。学科排名在前 100 位但论文数量占比不足 0.1% 的学科分别为牙医口腔外科医学、发展生物学、人类学、解剖形态、古生物、老年病学、风湿病、施工技术、生物多样性保护、教育研究、耳鼻喉科、康复复原。

表 3–1 为 2011—2015 年 SCI 收录吉林省科技论文学科排名情况（前 20 位）。图 3–1 为 2011—2015 年 SCI 收录吉林省科技论文排名前 10 位的学科。前 10 位分别为化学、材料科学、物理学、科学技术等其他主题、工程、生物化学分子生物学、光学、高分子科学、数学、药理学及药剂学。

表 3–1 2011—2015 年 SCI 收录吉林省科技论文学科排名情况（前 20 位）

序号	学科名称（英文）	学科名称（中文）	SCI 论文数 / 篇
1	Chemistry	化学	13 131
2	Materials Science	材料科学	6115
3	Physics	物理学	5334
4	Science Technology other Topics	科学技术等其他主题	3377
5	Engineering	工程	2644

续表

序号	学科名称（英文）	学科名称（中文）	SCI 论文数 / 篇
6	Biochemistry Molecular Biology	生物化学分子生物学	1813
7	Optics	光学	1636
8	Polymer Science	高分子科学	1501
9	Mathematics	数学	1385
10	Pharmacology Pharmacy	药理学及药剂学	1035
11	Oncology	肿瘤学	1030
12	Electrochemistry	电化学	954
13	Crystallography	结晶学 / 晶体学	882
14	Environmental Sciences Ecology	生态环境科学	872
15	Energy Fuels	能量及燃料	797
16	Research Experimental Medicine	医学研究和实验	773
17	Cell Biology	细胞生物学	712
18	Biotechnology Applied Microbiology	生物技术与应用微生物学	709
19	Neurosciences Neurology	神经科学	640
20	Metallurgy Metallurgical Engineering	冶金与冶金工程	605

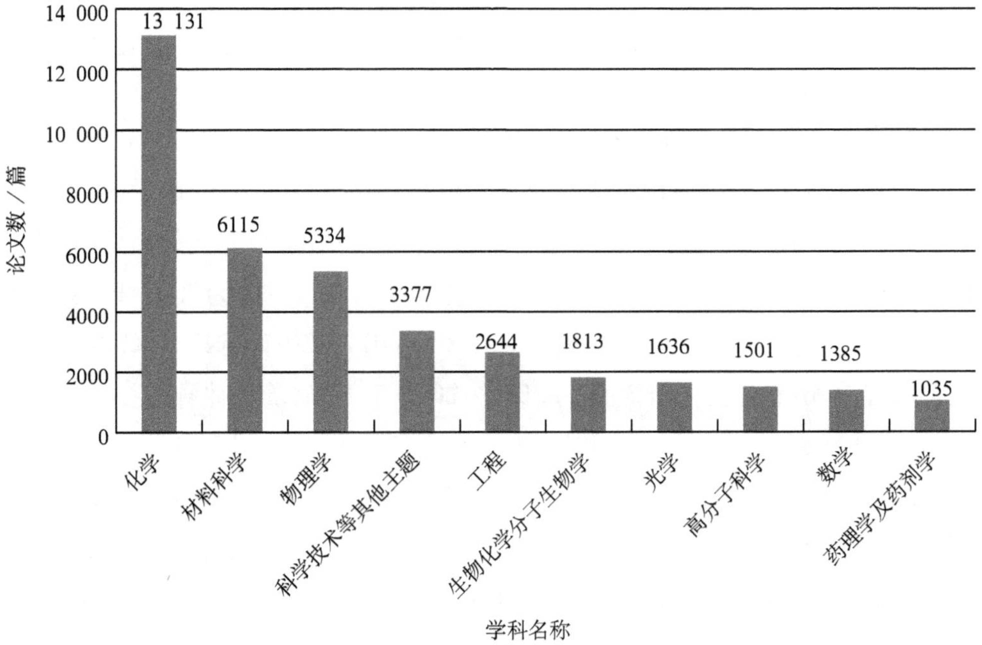

图 3-1 2011—2015 年 SCI 收录吉林省科技论文学科分布情况（前 10 位）

上一章节提到，吉林省发表 SCI 核心期刊论文 36 006 篇。从表 3–1 可以看出，2011—2015 年，学科为化学的论文数量最多，共计 13 131 篇，占吉林省发表 SCI 论文总数的 36.47%。这说明化学是吉林省的优势学科。化学属于基础科学，研究的人员较多，成果较多，因此科技论文数量尤其是 SCI 论文数量远多于其他学科。其次材料科学和物理学的 SCI 论文数量分别为 6115 篇和 5334 篇，分别占吉林省发表 SCI 论文总数的 16.98%、14.81%。这 2 个学科也是基础学科，是相对比较容易出科研成果的学科。图 3–2 为 2011—2015 年 SCI 收录吉林省科技论文学科占比情况分布（前 10 位）。

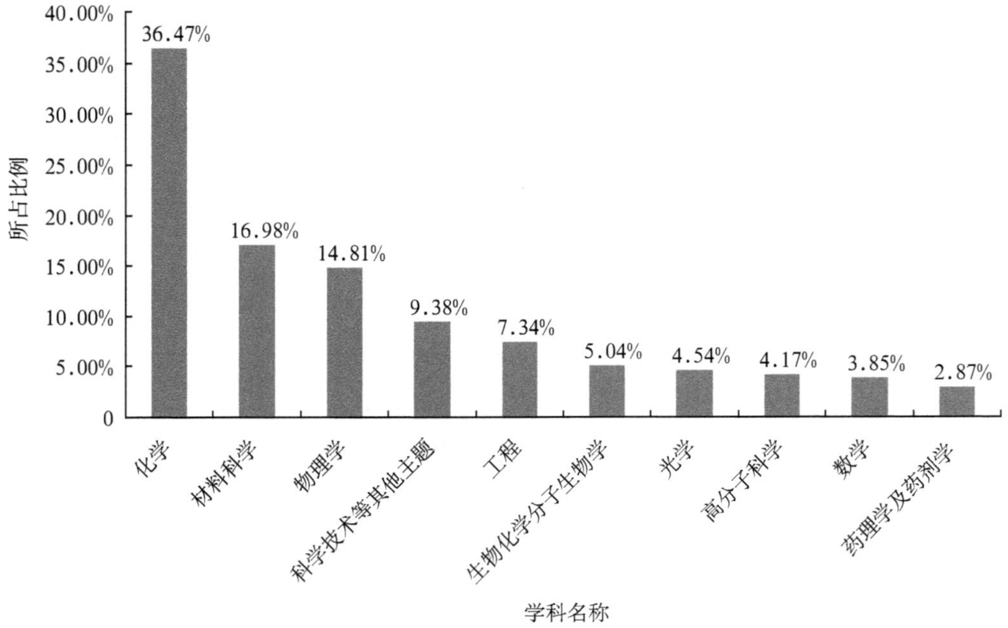

图 3–2　2011—2015 年 SCI 收录吉林省科技论文学科占比情况分布（前 10 位）

3.1.1.2　EI 收录的吉林省论文的研究主题分布情况

通过 ProQuest Dialog 检索平台 EI-Compendex 数据库检索的方式未能获得科技论文的学科分布情况，只提供论文的研究主题及分类方面的数据，故本小节只分析吉林省 EI 论文的研究主题分布排名情况。2011—2015 年，吉林省 EI 论文数量较多的研究主题为 X 射线衍射、算法、扫描电子显微镜、纳米粒子、透射电子显微镜。表 3–2 为 2011—2015 年 EI 收录吉林省科技论文排名前 20 位的研究主题分布情况。图 3–3 为 2011—2015 年 EI 收录吉林省科技论文研究主题分布情况（前 10 位）。上一章节提到，吉林省发表 EI 论文 29 007 篇，图 3–4 为 2011—2015 年 EI 收录吉林省科技论文研究主题占比情况分布（前 10 位）。以上图表说明吉林省 EI 论文研究主题分布情况较为分散，X 射线衍射、算法、扫描电子显微镜等研究主题的论文数量分别占吉林省发表 EI 论文总数的 6.82%、5.61%、5.12%。其余研究主题的论文数量占吉林省发表 EI 论文总数的比例均小于 5%。

表 3-2 2011—2015 年 EI 收录吉林省科技论文研究主题分布情况（前 20 位）

序号	研究主题名称（英文）	研究主题名称（中文）	EI 论文数 / 篇
1	X Ray Diffraction	X 射线衍射	1978
2	Algorithms	算法	1627
3	Scanning Electron Microscopy	扫描电子显微镜	1484
4	Nanoparticles	纳米粒子	1214
5	Transmission Electron Microscopy	透射电子显微镜	1058
6	Synthesis（Chemical）	合成（化学）	1022
7	Fluorescence	荧光	945
8	Computer Simulation	计算机模拟	877
9	Polymers	聚合物	872
10	Optimization	优化	833
11	Luminescence	发光	711
12	Graphene	石墨烯	705
13	Mechanical Properties	机械性能	620
14	X Ray Photoelectron Spectroscopy	X 射线光电子能谱	613
15	Finite Element Method	有限元法	610
16	Light Emission	发光	592
17	Zinc Oxide	氧化锌	588
18	Carbon	碳	568
19	Catalyst Activity	催化剂活性	547
20	Adsorption	吸附	522

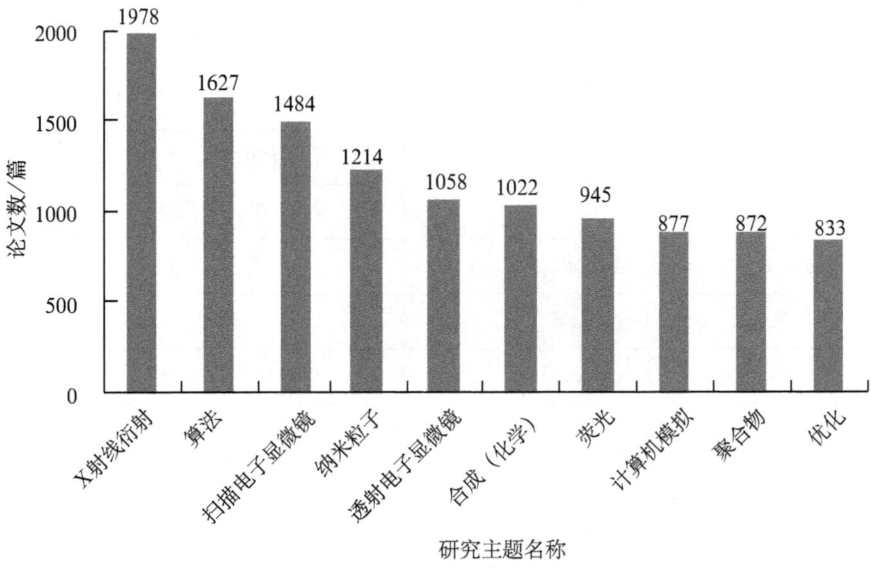

图 3-3 2011—2015 年 EI 收录吉林省科技论文研究主题分布情况（前 10 位）

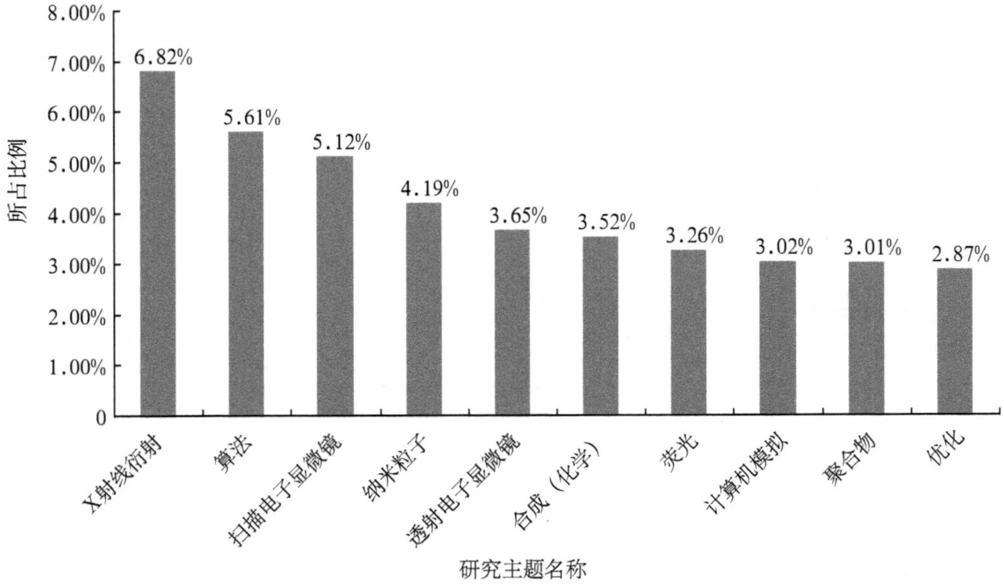

图 3-4　2011—2015 年 EI 收录吉林省科技论文研究主题占比情况分布（前 10 位）

3.1.1.3　吉林省 CPCI 论文的学科分布排名情况

2011—2015 年，吉林省 CPCI 论文数量占比超过 10% 的学科为材料科学多学科、电气电子工程、工程机械、自动化控制系统、工程制造。表 3-3 为 2011—2015 年 CPCI 收录吉林省科技论文数量排名前 20 位的学科分布情况。图 3-5 为 2011—2015 年 CPCI 收录吉林省科技论文排名前 10 位的学科分布情况。前 10 位分别为材料科学多学科、电气电子工程、工程机械、自动化控制系统、工程制造、计算机科学理论方法、计算机科学人工智能、光学、计算机科学交叉应用、力学。图 3-6 为 2011—2015 年 CPCI 收录吉林省科技论文排名前 10 位学科的比例情况。从图中可以看出，吉林省学者发表科技论文主要集中在材料科学多学科及电气电子工程学科，分别占吉林省发表 CPCI 论文总数的 29.86%、21.07%。

表 3-3　2011—2015 年 CPCI 收录吉林省科技论文的学科分布情况（前 20 位）

序号	学科名称（英文）	学科名称（中文）	CPCI 论文数 / 篇
1	Materials Science Multidisciplinary	材料科学多学科	3744
2	Engineering Electrical Electronic	电气电子工程	2642
3	Engineering Mechanical	工程机械	2051
4	Automation Control Systems	自动化控制系统	1592
5	Engineering Manufacturing	工程制造	1315
6	Computer Science Theory Methods	计算机科学理论方法	977
7	Computer Science Artificial Intelligence	计算机科学人工智能	903

续表

序号	学科名称（英文）	学科名称（中文）	CPCI 论文数 / 篇
8	Optics	光学	883
9	Computer Science Interdisciplinary Applications	计算机科学交叉应用	844
10	Mechanics	力学	815
11	Energy Fuels	能源燃料	790
12	Social Sciences Interdisciplinary	跨学科社会学	772
13	Computer Science Information Systems	计算机科学信息系统	754
14	Engineering Multidisciplinary	工程多学科	718
15	Education Educational Research	教育研究	687
16	Engineering Civil	土木工程	633
17	Engineering Industrial	工程工业	458
18	Physics Applied	物理应用	432
19	Environmental Sciences	环境科学	419
20	Construction Building Technology	建筑施工技术	417

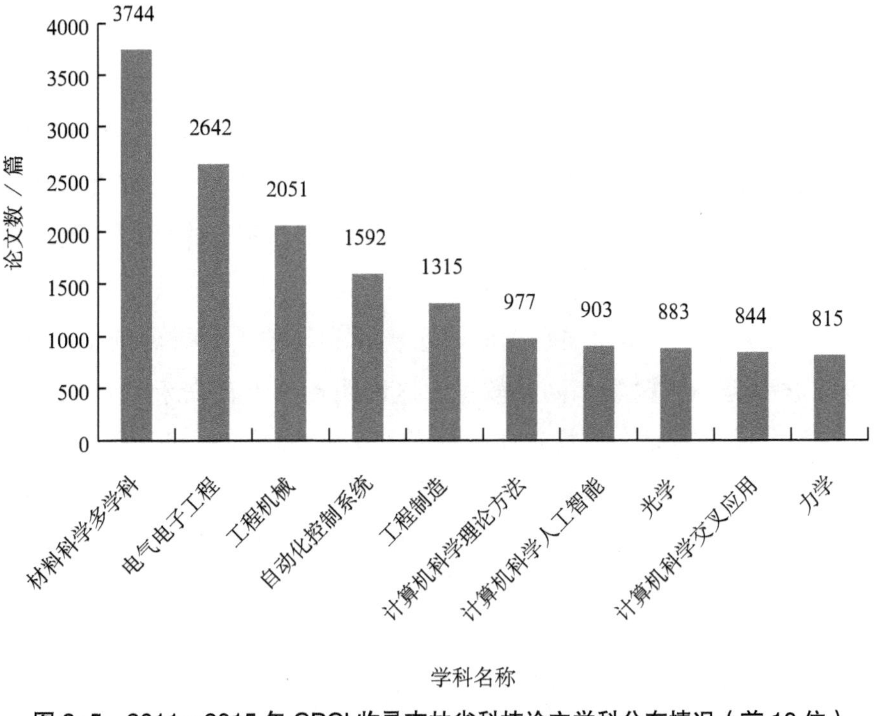

图 3-5　2011—2015 年 CPCI 收录吉林省科技论文学科分布情况（前 10 位）

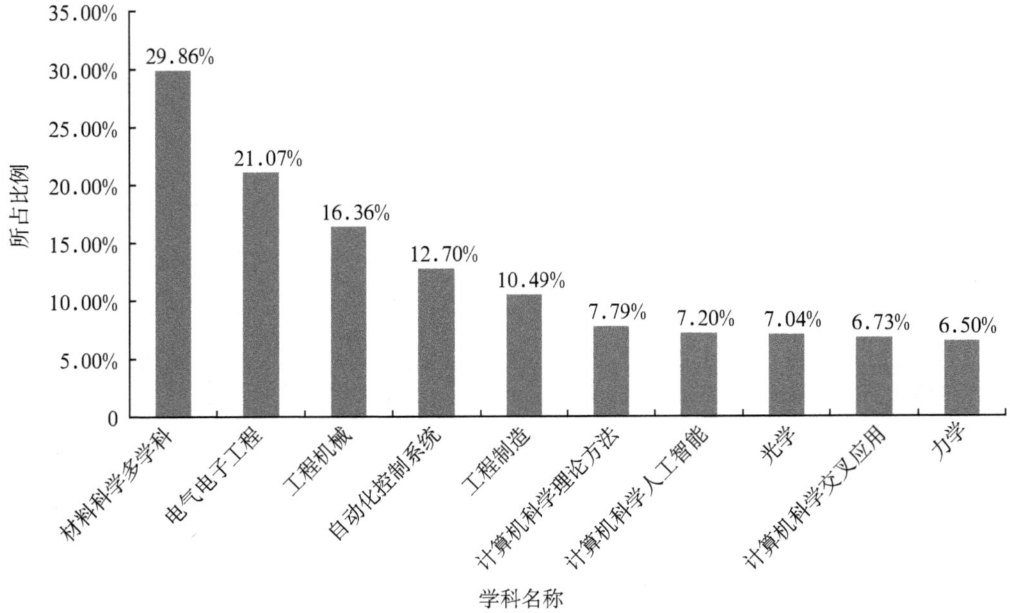

图 3–6　2011—2015 年 CPCI 收录吉林省科技论文学科的比例情况（前 10 位）

因检索平台划分学科标准不同，某篇论文涉及多个学科或主题，也就是说，同一篇论文可能拥有两个或以上的学科标签，这也造成了某个学科的统计数重复。从以上图表可以看出，CPCI 收录吉林省主要科技论文都集中在前 10 位学科当中，其中材料科学多学科及电气电子工程 2 项学科所占比例均在 20% 以上。

3.1.2　国内论文学科分布情况

2011—2015 年中国引文数据库收录吉林省科技论文学科分布情况（前 100 位）如表 3–4 所示。吉林省发表国内论文数量最多的学科为临床医学，其次为高等教育、计算机软件及计算机应用、中等教育、企业经济等。国内论文的学科分布比国际论文的学科分布相对分散，论文数量较少的学科有市场研究与信息、法理与法史、证券等学科。

图 3–7 为 2011—2015 年中国引文数据库收录吉林省科技论文排名前 10 位的学科，论文数量超过 10 000 篇的学科为临床医学和高等教育。这说明吉林省在临床医学及高等教育领域的研究人员数量较多，并且成果显著，平均每年发文量在 2000 篇左右；其余学科论文数量较均衡。计算机软件及计算机应用、中等教育两学科平均每年发文量超过了 1500 篇。2011—2015 年中国引文数据库收录吉林省科技论文排名前 10 位学科的比例情况如图 3–8 所示。其中，临床医学学科所占比例最大，为 4.76%。

表 3–4　2011—2015 年中国引文数据库收录吉林省科技论文学科分布情况（前 100 位）

序号	学科名称	论文数 / 篇	占比
1	临床医学	12 715	4.76%

续表

序号	学科名称	论文数／篇	占比
2	高等教育	10 838	4.06%
3	计算机软件及计算机应用	8623	3.23%
4	中等教育	7820	2.93%
5	企业经济	6638	2.48%
6	宏观经济管理与可持续发展	5851	2.19%
7	肿瘤学	5169	1.93%
8	外国语言文字	4991	1.87%
9	外科学	4961	1.86%
10	畜牧与动物医学	4936	1.85%
11	中医学	4837	1.81%
12	中药学	4711	1.76%
13	农业经济	4625	1.73%
14	电力工业	4513	1.69%
15	环境科学与资源利用	4467	1.67%
16	金融	4394	1.64%
17	教育理论与教育管理	4388	1.64%
18	自动化技术	4325	1.62%
19	地质学	4105	1.54%
20	汽车工业	3928	1.47%
21	建筑科学与工程	3879	1.45%
22	农作物	3792	1.42%
23	工业经济	3606	1.35%
24	体育	3597	1.35%
25	化学	3465	1.30%
26	有机化工	3385	1.27%
27	电信技术	3204	1.20%
28	新闻与传媒	3172	1.19%
29	中国语言文字	3102	1.16%
30	生物学	3071	1.15%
31	初等教育	2984	1.12%

续表

序号	学科名称	论文数／篇	占比
32	轻工业手工业	2932	1.10%
33	心血管系统疾病	2851	1.07%
34	妇产科学	2735	1.02%
35	中国政治与国际政治	2695	1.01%
36	无线电电子学	2688	1.01%
37	经济体制改革	2673	1.00%
38	职业教育	2581	0.97%
39	内分泌腺及全身性疾病	2573	0.96%
40	物理学	2463	0.92%
41	金属学及金属工艺	2410	0.90%
42	图书情报与数字图书馆	2391	0.89%
43	神经病学	2361	0.88%
44	投资	2344	0.88%
45	贸易经济	2203	0.82%
46	矿业工程	2181	0.82%
47	公路与水路运输	2149	0.80%
48	行政学及国家行政管理	2099	0.79%
49	园艺	2084	0.78%
50	医药卫生方针政策与法律法规研究	2070	0.77%
51	会计	1933	0.72%
52	林业	1926	0.72%
53	中国文学	1911	0.72%
54	石油天然气工业	1898	0.71%
55	农业基础科学	1853	0.69%
56	儿科学	1827	0.68%
57	数学	1767	0.66%
58	植物保护	1635	0.61%
59	世界文学	1596	0.60%
60	医学教育与医学边缘学科	1556	0.58%
61	档案及博物馆	1517	0.57%

续表

序号	学科名称	论文数／篇	占比
62	音乐舞蹈	1512	0.57%
63	预防医学与卫生学	1480	0.55%
64	戏剧电影与电视艺术	1472	0.55%
65	消化系统疾病	1471	0.55%
66	地球物理学	1466	0.55%
67	美术书法雕塑与摄影	1435	0.54%
68	仪器仪表工业	1412	0.53%
69	互联网技术	1404	0.53%
70	水利水电工程	1399	0.52%
71	旅游	1390	0.52%
72	民商法	1389	0.52%
73	机械工业	1372	0.51%
74	行政法及地方法制	1361	0.51%
75	药学	1339	0.50%
76	材料科学	1303	0.49%
77	农艺学	1290	0.48%
78	财政与税收	1271	0.48%
79	基础医学	1262	0.47%
80	航空航天科学与工程	1248	0.47%
81	急救医学	1220	0.46%
82	感染性疾病及传染病	1207	0.45%
83	无机化工	1153	0.43%
84	泌尿科学	1145	0.43%
85	经济法	1118	0.42%
86	眼科与耳鼻咽喉科	1110	0.42%
87	社会学及统计学	1090	0.41%
88	口腔科学	1089	0.41%
89	哲学	1073	0.40%
90	工业通用技术及设备	1073	0.40%
91	动力工程	1064	0.40%

续表

序号	学科名称	论文数／篇	占比
92	计算机硬件技术	1026	0.38%
93	中国古代史	1024	0.38%
94	中国共产党	1009	0.38%
95	文化	997	0.37%
96	呼吸系统疾病	958	0.36%
97	诉讼法与司法制度	925	0.35%
98	市场研究与信息	888	0.33%
99	法理与法史	883	0.33%
100	证券	881	0.33%

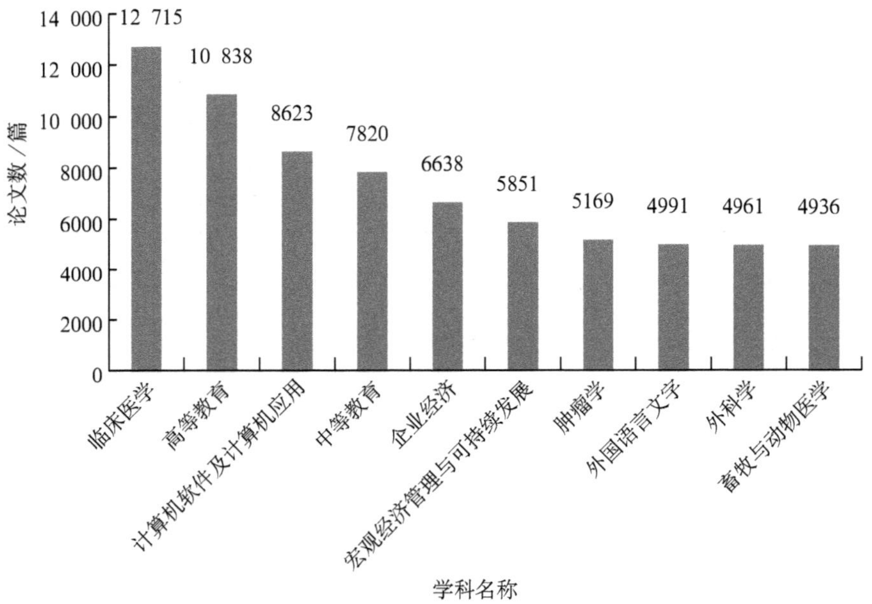

图 3-7　2011—2015 年中国引文数据库收录吉林省科技论文排名前 10 位的学科

比较 2011—2015 年吉林省发表科技论文 SCI、CPCI、中国引文数据库收录的学科分布情况，以及 EI 收录论文的研究主题分布情况可以发现，化学、材料科学、物理学、电气工程、工程机械等学科被 SCI、CPCI 的比例远大于其他学科，EI 收录论文的研究主题分布情况、中国引文数据库收录论文的学科分布比较分散；中国引文数据库收录较多论文数的学科为临床医学，而临床医学等医药卫生领域被 SCI、CPCI、EI 收录的论文数较少。这说明吉林省化学、材料科学、物理学等学科领域相对于临床医学学科领域在国际影响力方面较高。但不可忽视的是，肿瘤学、药理学、生物化学等学科领域在 SCI 收录论文学科分布情况排名在前 20 位之内。这说明吉林省肿瘤学、药理学、生物化学等学科具有一定的科研实力。

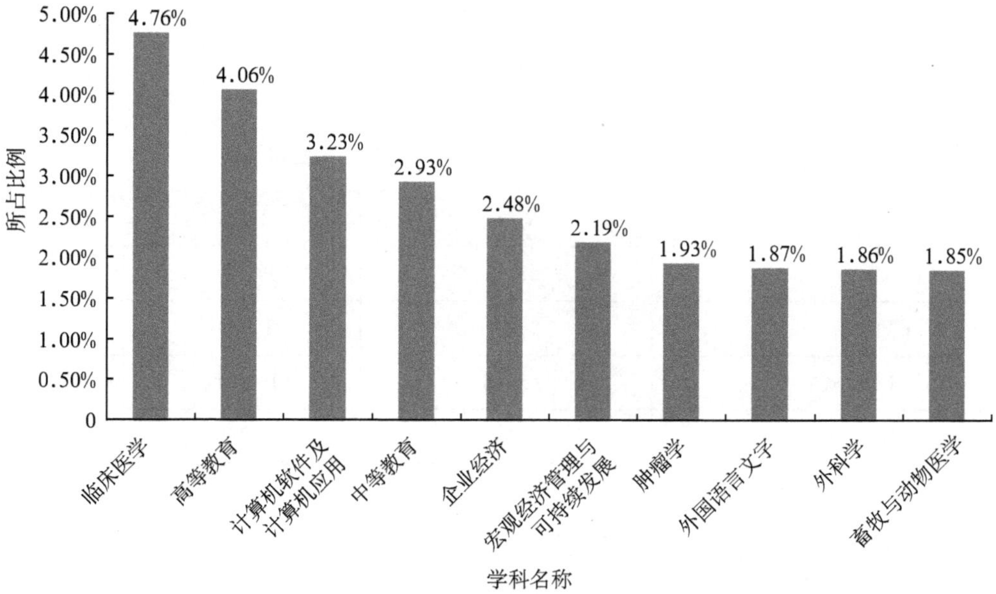

图 3-8　2011—2015 年中国引文数据库收录吉林省科技论文学科比例（前 10 位）

从中国引文数据库收录论文学科分布情况来看，计算机软件及计算机应用学科排名第 3 位，EI 收录论文学科分布排名中，算法排名第 2 位，CPCI 收录论文学科分布排名中，计算机科学理论方法、计算机科学人工智能、计算机科学交叉应用等学科分别排名第 6、第 7、第 9 位，说明有关于计算机 IT 领域的论文数量较多，反映了与计算机有关的技术依然是当前学科发展的热点。

从整体的论文收录情况来看，吉林省化学、材料科学、物理学、光学、工程机械、药理学与药剂学等学科论文数量较多；计算机 IT 领域的论文数量逐渐增多；吉林省在肿瘤学、药理学、生物化学等学科领域依然具有一定的科研实力。

3.2　吉林省重点学科领域发表论文比较

以 Web of Science 平台检索到的 SCI 论文数量学科统计结果为准，选取前 3 位的优势学科为比较对象，分别为化学、材料科学、物理学。

3.2.1　化学领域发表论文数量比较

化学是自然科学的一种，在分子、原子层次上研究物质的组成、性质、结构与变化规律，是创造新物质的科学。在 2016 年中国大学学科排行榜中，吉林大学化学学科荣膺中国七星级学科，跻身世界知名高水平学科之列。该学科是吉林省高校“双一流”战略冲击中国特色、世界一流学科前列的核心力量，是吉林省高校学科建设的重中之重。另外，中国科学院长春应用化学研究所是在国内外享有崇高声誉、影响力较大的综合性化学研究所，也是我国化学界的重要力量和创新基地。

化学领域论文发表情况如表 3-5 所示，其中，SCI 收录吉林省化学领域论文数量最多，达到了 13 131 篇；CPCI 收录吉林省化学领域论文数量最少，为 155 篇。

表 3-5 2011—2015 年吉林省化学领域论文发表情况

数据库类型	论文数 / 篇	占比	论文总数 / 篇
SCI	13 131	36.47%	36 006
CPCI	155	1.24%	12 540
EI	5516	19.02%	29 007
中国引文数据库	3465	1.36%	253 876

从图 3-9 显示的 2011—2015 年吉林省化学领域论文发表对比情况统计结果来看，SCI 收录化学领域论文数量占 SCI 论文总数的 36.47%；CPCI 与中国引文数据库收录化学领域论文数量占两个数据库论文总量的比例较小，分别为 1.24% 和 1.50%。这说明吉林省化学领域学者更愿意将科研成果发表在被 SCI 或 EI 数据库收录的学术期刊上，相对而言，CPCI 科技会议论文数据库与国内学术期刊论文收录的化学领域论文比例较低。

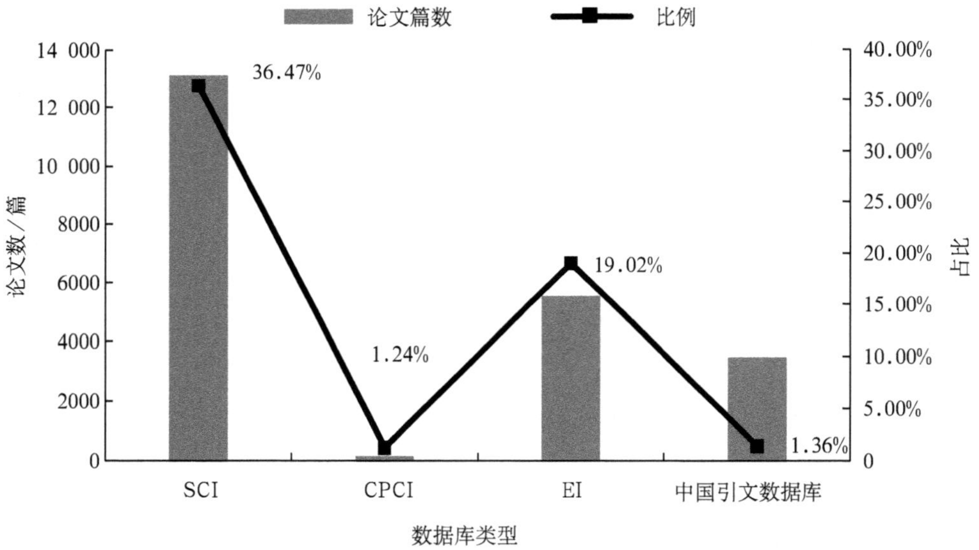

图 3-9 2011—2015 年吉林省化学领域论文发表对比情况

3.2.2 材料科学领域发表论文数量比较

材料科学是研究材料的组织结构、性质、生产流程和使用效能及它们之间的相互关系，集物理学、化学、冶金学等于一体的科学。材料科学是一门与工程技术密不可分的应用科学。在 2016 年中国大学学科排行榜中，吉林大学材料科学与工程学科是中国五星级学科，也是研究型世界知名学科之一，在 2016 年吉林省大学一级学科排行榜排名第 10 位。

材料科学领域论文发表情况如表 3–6 所示，其中，SCI 收录材料科学领域论文数最多，达到了 6115 篇；中国引文数据库收录材料科学领域论文篇数最少，为 1303 篇。

表 3–6　2011—2015 年吉林省材料科学领域论文发表情况

数据库类型	论文数／篇	占比	论文总数／篇
SCI	6115	16.98%	36 006
CPCI	3842	30.64%	12 540
EI	4108	14.16%	29 007
中国引文数据库	1303	0.51%	253 876

从图 3–10 所示的 2011—2015 年吉林省材料科学领域论文发表对比情况统计结果来看，CPCI 收录材料科学领域的论文数量占 CPCI 论文总数的 30.64%。SCI 、EI 收录材料科学领域的论文数量占各自论文总数的比例分别为 16.98% 和 14.16%。中国引文数据库收录材料科学领域的论文数量占中国引文数据库论文总数的比例较小，为 0.51%。说明吉林省材料科学领域学者更愿意将科研成果发表在被 CPCI 收录的学术期刊上。

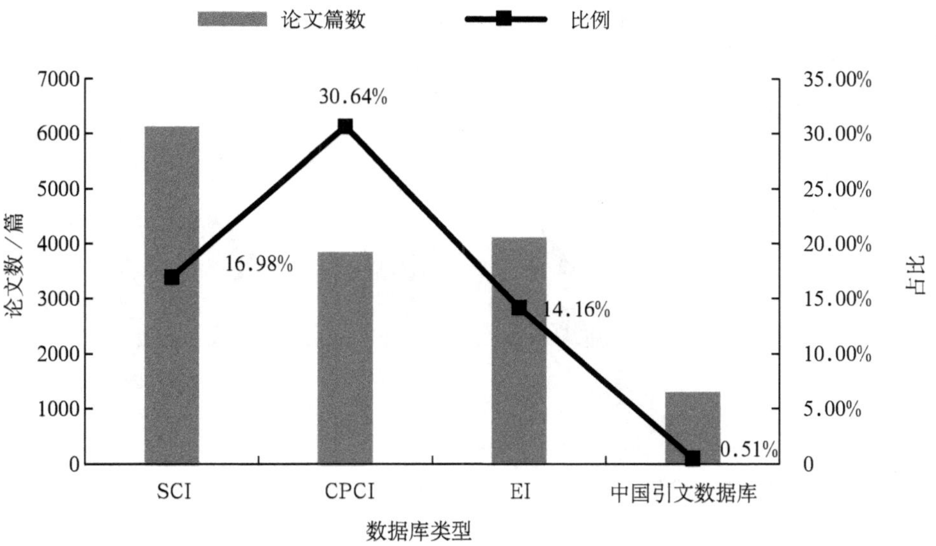

图 3–10　2011—2015 年吉林省材料科学领域论文发表对比情况

3.2.3　物理学领域发表论文数量比较

物理学是研究物质运动最一般规律和物质基本结构的学科，是其他各自然科学学科的研究基础。物理学是吉林大学重中之重学科之一，是中国五星级学科，也是研究型中国一流学科之一，在 2016 年吉林省大学一级学科排行榜排名第 12 位。吉林省物理学领域论文发表情况如表 3–7 所示。其中，SCI 收录吉林省物理学领域的论文数量最多，为 5334 篇；CPCI 收录的物理学论文数量最少，为 477 篇。

表 3–7　2011—2015 年吉林省物理学领域论文发表情况

数据库类型	论文数 / 篇	占比	论文总数 / 篇
SCI	5334	14.81%	36 006
CPCI	477	3.80%	12 540
EI	4189	14.44%	29 007
中国引文数据库	2463	0.97%	253 876

从图 3–11 所示的 2011—2015 年吉林省物理学领域论文发表对比情况统计结果来看，SCI、EI 收录物理学领域论文数量占各自论文总数的比例分别为 14.81% 和 14.44%。中国引文数据库收录物理学领域论文数量占中国引文数据库论文总数的比例较小，为 0.97%。说明吉林省物理学领域学者更愿意将科研成果发表在 SCI、EI 上。

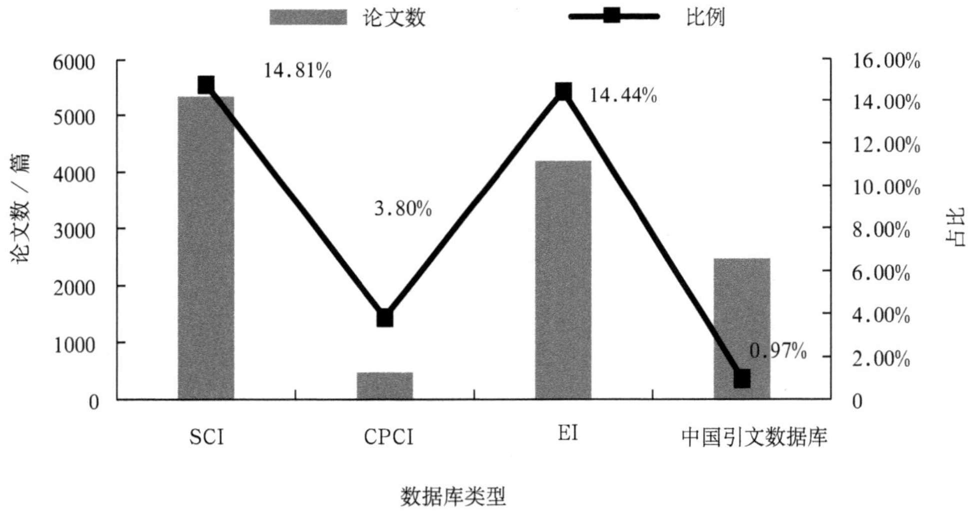

图 3–11　2011—2015 年吉林省物理学领域论文发表对比情况

（作者：胡璐璐）

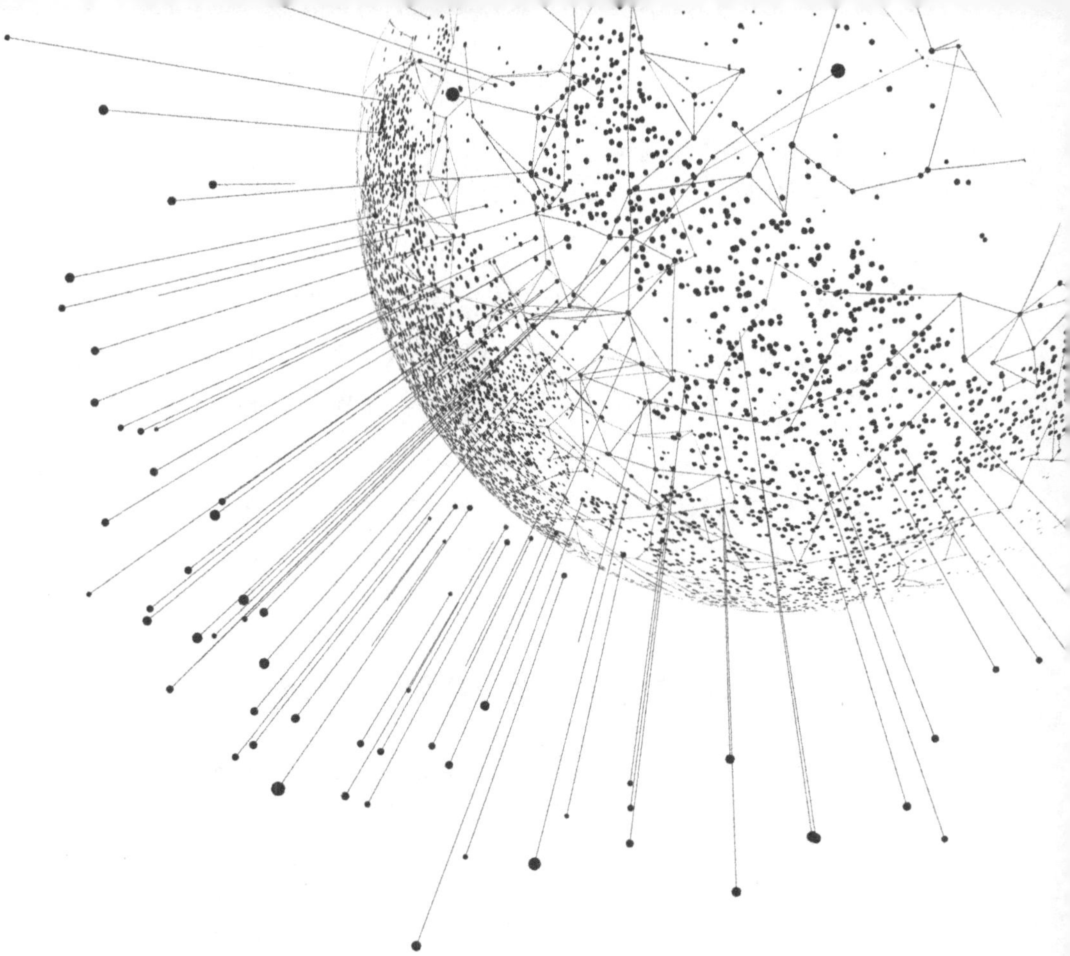

第四章

地区分布情况

本章对吉林省各个城市发表论文的情况进行统计与分析，从侧面反映出各个城市的科技实力、发展能力，了解区域优势和科技环境，便于决策者决策参考。本章国内论文数据来自中国知网学术文献总库，国际论文数据分别来自 Web of Science 及 EI Compendex。2011—2015 年，吉林省学者共计发表国内科技论文 253 876 篇，其中核心期刊论文 55 735 篇；吉林省学者在 SCI、EI 和 CPCI 上发表国际论文共计 78 132 篇，其中 SCI 论文 36 585 篇、EI 论文 29 007 篇、CPCI 论文 12 540 篇。下面按照吉林省地区分布对国内外科技论文分别进行统计与分析。

4.1 吉林省国内论文总量的地区分布情况

“十二五”期间，吉林省学者发表的国内科技论文数量较大，城市分布特征明显。发表论文数量最多的城市是长春市，发文量占论文总数的 60.08%。其次为吉林市，发文量占论文总数的 19.57%。四平、通化、延边、白城的发文量较少，但也都占论文总数的 3% 以上。松原、辽源、白山的发文量最少，占比不足 1%，如表 4–1 所示。

表 4–1　2011—2015 年吉林省学者发表国内科技论文的城市分布情况

地区	国内论文总数 / 篇	占比
长春市	152 541	60.08%
吉林市	49 684	19.57%
四平市	14 086	5.55%
通化市	11 985	4.72%
延边朝鲜族自治州	10 799	4.25%
白城市	8613	3.39%
松原市	2479	0.98%
辽源市	2275	0.90%
白山市	1414	0.56%

由图 4–1 可以看出，2011—2015 年长春市学者发表的国内科技论文数量远大于省内其他城市的国内科技论文发表数量，为 152 541 篇。这说明长春的基础研究实力远超出省内其他城市。其主要原因在于长春市为吉林省省会城市，且吉林省的支柱产业、科研机构及重点高校等大多分布在长春市，因此其学术产出相对较高。吉林市的论文发表数量也较多，其发表的国内科技论文数量约占长春市论文数量的 1/3，约占吉林省发表国内科技论文总量的 1/5，这说明“十二五”期间吉林市的整体科研产业能力在省内占有一定比重。

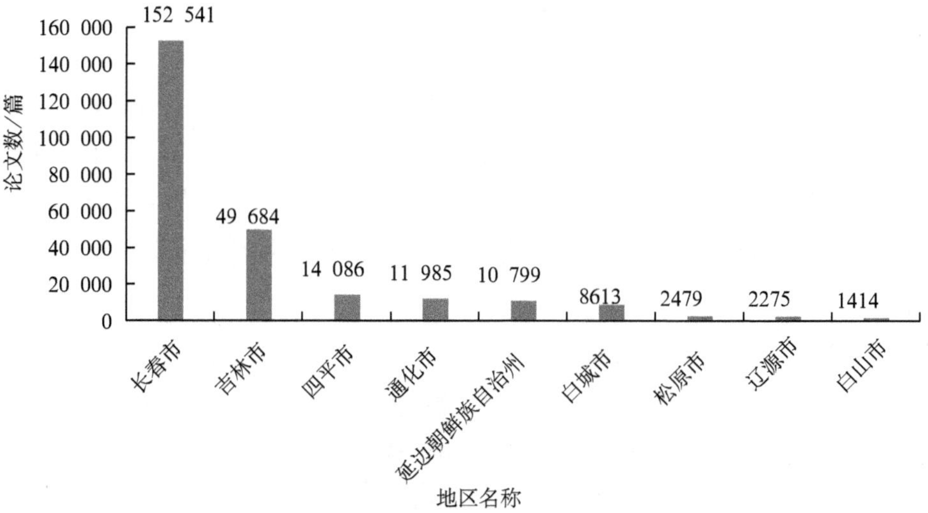

图 4-1　2011—2015 年吉林省各地区发表的国内科技论文数

图 4-2 显示的是 2011—2015 年吉林省各地区国内科技论文分布比例情况。从图中可以看出，长春市所占比例最大，为 60.08%，吉林市发表的国内科技论文数约占长春市的 1/3，其余城市发表的论文数量总和约占 20%，其中辽源市、松原市和白山市发表的论文数量所占比例较小。

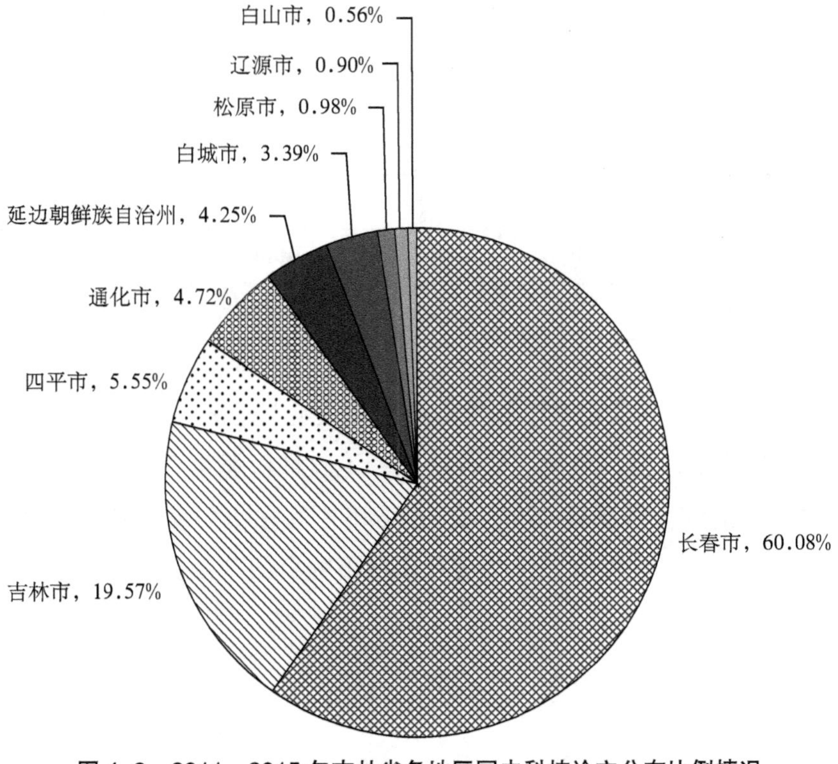

图 4-2　2011—2015 年吉林省各地区国内科技论文分布比例情况

4.1.1 吉林省核心期刊论文的地区分布情况

核心期刊是学术水平较高的期刊，是进行刊物评价而非具体学术评价的工具。某一时间段内某个地区的学者在核心期刊上发表的科技论文数量能间接反映出当地的科技水平。“十二五”期间吉林省内学者发表的核心期刊论文分布情况可以直接体现吉林省内各个城市的科技实力及城市发展能力。本章节提到的核心期刊主要来自北大核心期刊、中国科技论文统计源期刊（中国科技核心期刊）。

表 4–2 显示，“十二五”期间长春市发表的核心期刊论文所占比例最大，为 73.20%，明显高于长春市发表的全部国内论文数量占论文总数的比例，这说明长春市高水平学者、高精尖产业较多，发表高水平学术论文的能力也较强。吉林市发表的核心期刊论文所占比例虽然较吉林市发表国内论文数量占论文总数的比例有所下降，但下降幅度较小，说明吉林市也具有一定的高水平学术论文产出能力。

表 4–2 2011—2015 年吉林省学者发表核心期刊论文的地区分布情况 ①

地区	核心期刊论文数	占比	排名
长春市	40 798	73.20%	1
吉林市	9524	17.09%	2
延边朝鲜族自治州	1999	3.59%	3
四平市	1955	3.51%	4
白城市	664	1.19%	5
通化市	555	1.00%	6
辽源市	91	0.16%	7
松原市	79	0.14%	8
白山市	70	0.13%	9

由图 4–3 可以看出，2011—2015 年长春市学者发表的核心期刊论文数量远大于省内其他城市发表的核心期刊论文数量。吉林市发表的核心期刊论文数位居第 2 位。延边朝鲜族自治州和四平市发表的核心期刊论文数量都接近 2000 篇。白城市、通化市等其余几个城市的核心期刊论文数量明显较少，为几百篇或不足百篇，说明这几个城市的科研产出能力较弱。

① 由于数据保留位数的差别及四舍五入的原因，导致书中一些数据加总之和有微小差别。

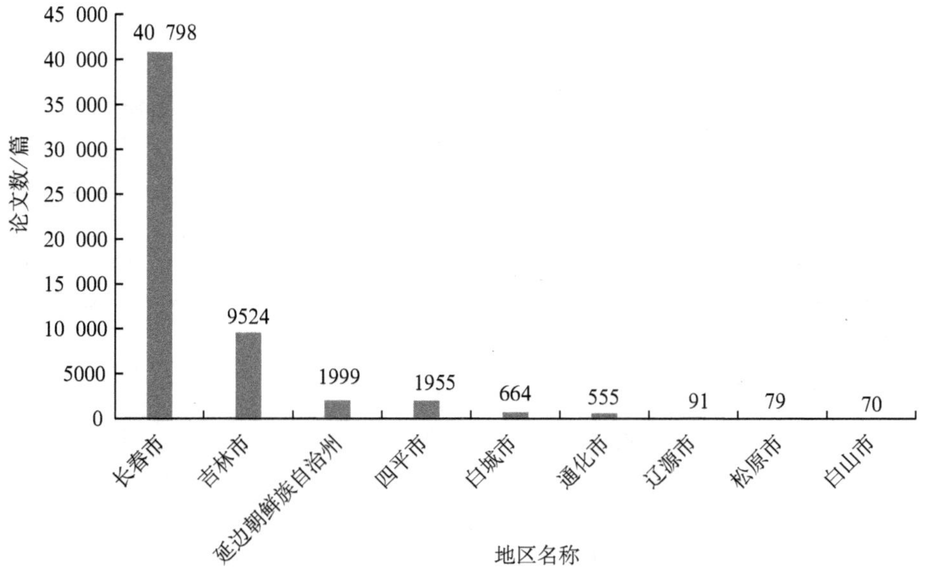

图 4-3　2011—2015 年吉林省各地区发表的核心期刊论文数

图 4–4 显示的是 2011—2015 年吉林省各城市核心期刊论文分布比例情况。如图所示，长春市发表的核心期刊论文数占比最大，为 73.20%。吉林市发表的核心期刊论文数较吉林市发表国内论文总数所占比例有所下降，为 17.09%，其余城市发表的论文总数之和约为 10%，其中，白城市和通化市两地的发文量仅为 1% 左右。

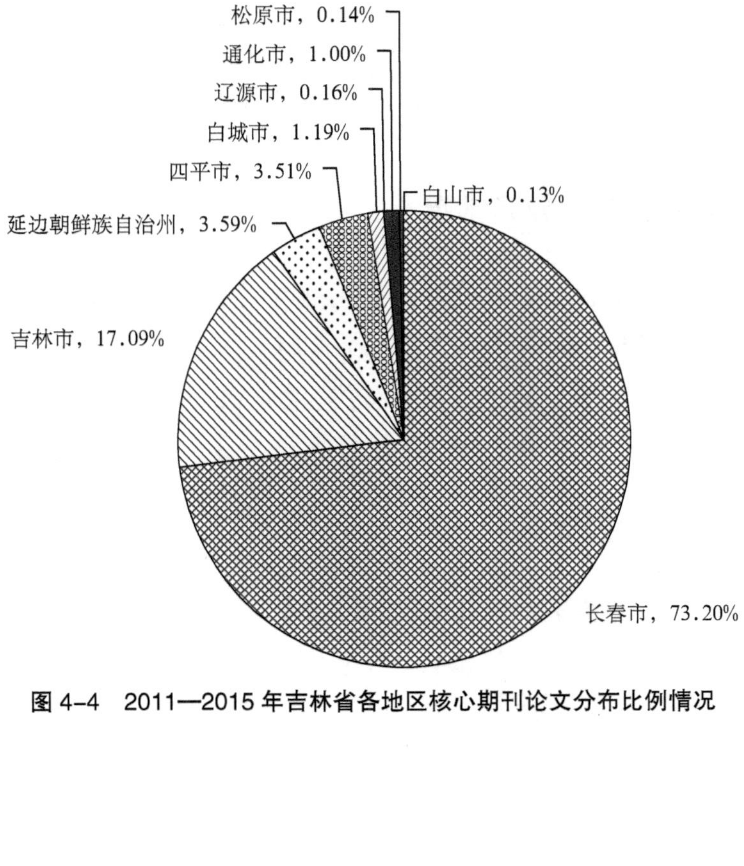

图 4-4　2011—2015 年吉林省各地区核心期刊论文分布比例情况

4.1.2 核心期刊论文比地区分布情况

表 4–3 显示的是“十二五”期间吉林省各城市发表的核心期刊论文数在国内期刊论文总数中的占比情况。其中，长春市的核心期刊论文比为 26.75%，位于吉林省首位。吉林市、延边朝鲜族自治州、四平市的占比分别为 19.17%、18.51% 和 13.88%。其余几个城市的核心期刊论文比均未超过 10%。从整体来看，吉林省发表的国内科技论文总数虽多，但在核心期刊发表的论文数量不多，所占比例不高，均未超过 30%，这说明吉林省的科研产出能力、高精尖领域的研究能力较弱。

表 4–3 2011—2015 年吉林省各地区发表的核心期刊论文数在国内期刊论文总数中的占比情况

地区	国内期刊论文总数 / 篇	核心期刊论文数 / 篇	核心期刊论文占比
长春市	152 541	40 798	26.75%
吉林市	49 684	9524	19.17%
延边朝鲜族自治州	10 799	1999	18.51%
四平市	14 086	1955	13.88%
白城市	8613	664	7.71%
白山市	1414	70	4.95%
通化市	11 985	555	4.63%
辽源市	2275	91	4.00%
松原市	2479	79	3.19%

4.2 吉林省国际论文的地区分布情况

“十二五”期间吉林省发表的国际论文主要指吉林省学者发表在 Web of Science 数据库中的 SCI、CPCI 论文，以及 EI-Compendex 检索系统的 EI 论文。通过对吉林省各地区发表的国际论文量进行对比和综合分析，可以看出吉林省整体科技水平的国际影响力及各城市的国际交流能力。

4.2.1 吉林省 SCI 论文的地区分布

2011—2015 年，在吉林省发表的 SCI 论文中，长春市发表的 SCI 论文数量占比为 90.52%，优势明显，如表 4–4 所示。这说明长春市科研学者的国际认知度较高，与长春市的多学科专业和重点科研领域的飞速发展有直接关系。

表 4–4　2011—2015 年吉林省各地区发表 SCI 论文的分布情况

地区	SCI 论文数／篇	占比	排名
长春市	33 118	90.52%	1
延边朝鲜族自治州	1154	3.15%	2
吉林市	1088	2.97%	3
四平市	872	2.38%	4
通化市	141	0.39%	5
白城市	126	0.34%	6
松原市	72	0.20%	7
辽源市	9	0.02%	8
白山市	5	0.01%	9

从图 4–5 中可以看出，长春市“十二五”期间发表的 SCI 论文数在各城市中遥遥领先；延边朝鲜族自治州、吉林市、四平市的 SCI 发文量较接近，均为千篇左右；通化市、白城市、松原市的发文量较少，仅为百篇左右；辽源市和白山市的发文量最少，均不足 10 篇。

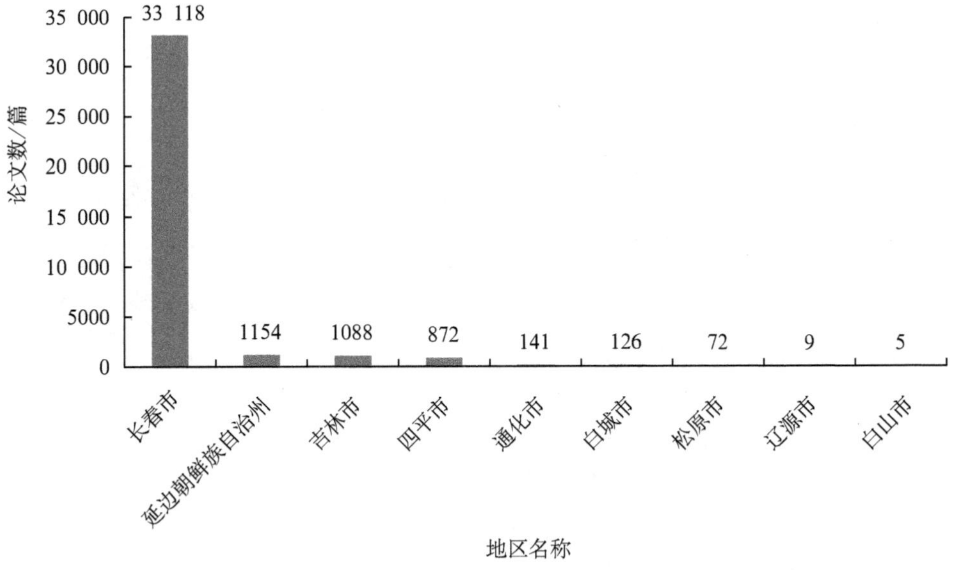

图 4–5　2011—2015 年吉林省各地区发表的 SCI 论文数

图 4–6 显示的是 2011—2015 年吉林省各地区 SCI 论文分布比例情况。其中，长春市所占的比例远高于其他地区的总和，白城市、松原市、辽源市、白山市的 SCI 论文发表量很少，均未达到总数的 1%。

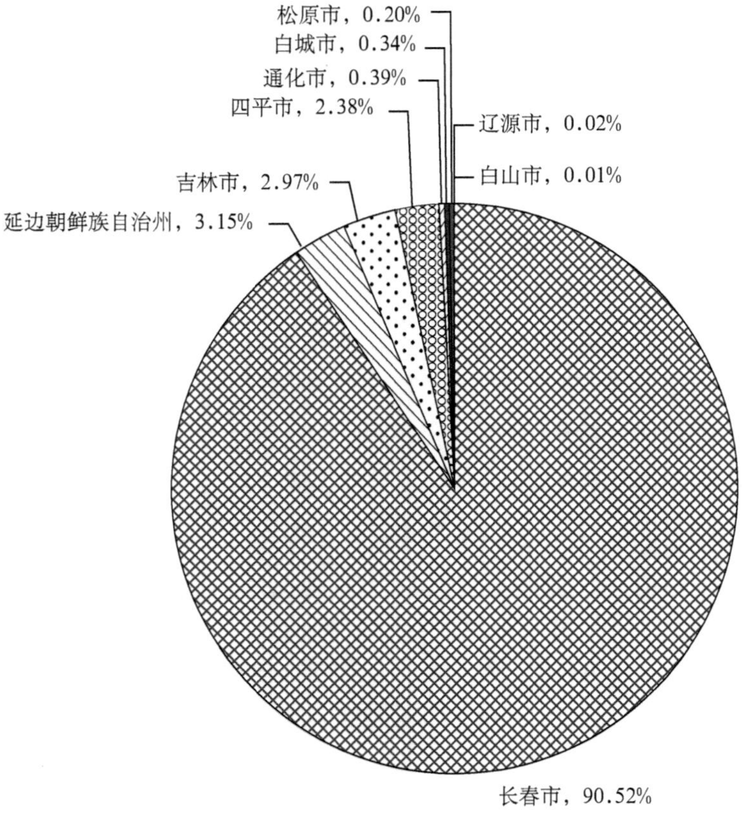

图 4-6　2011—2015 年吉林省各地区 SCI 论文分布比例情况

4.2.2　吉林省 EI 论文的地区分布

如表 4-5 所示，2011—2015 年，在吉林省发表的 EI 论文中，长春市发表的 EI 论文占比较发表的 SCI 论文占比有所下降，为 73.54%。吉林市发表的 EI 论文占比较吉林市发表的 SCI 论文占比有大幅提升，达 17.86%。其原因在于 EI Compendex 数据库较 Web of Science 的收录级别低，相对而言学者发表的科技论文较容易被 EI 收录。

表 4-5　2011—2015 年吉林省各地区 EI 论文分布情况

地区	EI 论文数 / 篇	占比	排名
长春市	21 333	73.54%	1
吉林市	5182	17.86%	2
四平市	1851	6.38%	3
延边朝鲜族自治州	363	1.25%	4
白城市	116	0.40%	5
松原市	76	0.26%	6

续表

地区	EI 论文数 / 篇	占比	排名
通化市	65	0.22%	7
辽源市	12	0.04%	8
白山市	9	0.03%	9

图 4–7 显示的是 2011—2015 年吉林省各地区发表的 EI 论文数。由图中可以看出，虽然长春市发表的 EI 论文数仍然在吉林省各个地区中遥遥领先，但是吉林、四平这 2 个城市的 EI 论文发表数与 SCI 论文发表数相比较有所增加，分别为 5182 篇和 1851 篇，而延边朝鲜族自治州、白城市等其余地区发表的文献数较少，在图中体现不明显。

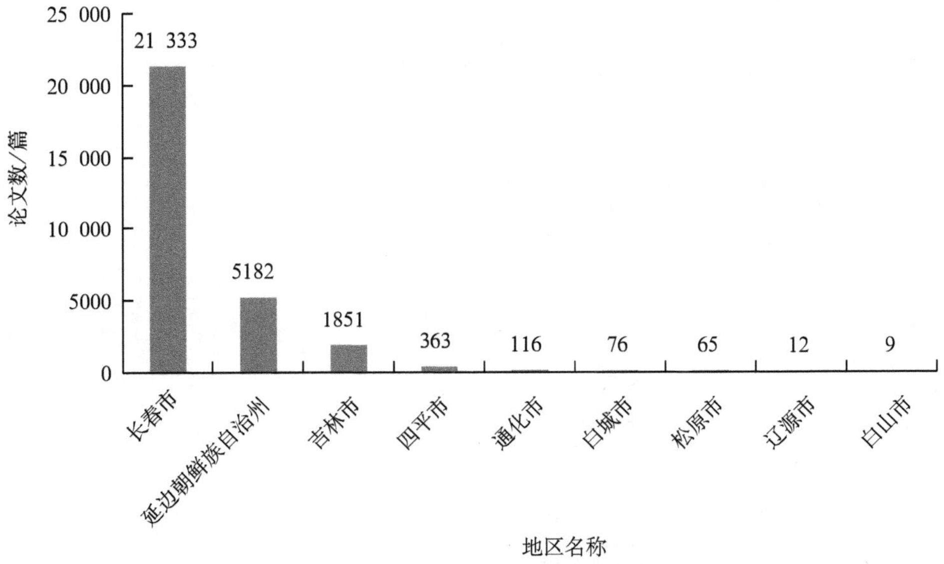

图 4–7　2011—2015 年吉林省各地区发表的 EI 论文数

由图 4–8 中吉林省各城市 EI 论文分布比例可以看出，长春市发表 EI 论文的比例仍然很高，超过其他地区 EI 论文数总和，但在图中可以看出，长春市 EI 论文占比较 SCI 论文占比有所下降，而吉林市和四平市的 EI 论文比例有所提高。

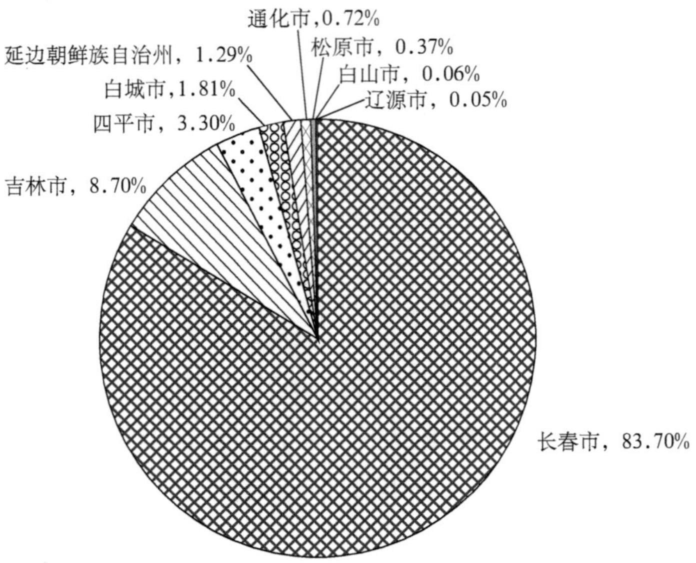

图 4-8　2011—2015 年吉林省各地区 EI 论文分布比例情况

4.2.3　吉林省 CPCI 论文的地区分布

2011—2015 年，在吉林省发表的全部 CPCI 论文中，长春市发表的 CPCI 论文数为 10 496 篇，占比为 83.70%。在其他地区中，仅吉林市发表的 CPCI 论文数达到了千篇，占比为 8.70%。四平、白城、延边的 CPCI 论文数均在百篇左右，占比达 1% 以上。通化、松原发表的 CPCI 论文数较少，均不足百篇。白山、辽源发表的 CPCI 论文数更是不足 10 篇（表 4–6）。

表 4–6　2011—2015 年吉林省各地区发表的 CPCI 论文数分布情况

地区	CPCI 论文数 / 篇	占比	排名
长春市	10 496	83.70%	1
吉林市	1091	8.70%	2
四平市	414	3.30%	3
白城市	227	1.81%	4
延边朝鲜族自治州	162	1.29%	5
通化市	90	0.72%	6
松原市	47	0.37%	7
白山市	7	0.06%	8
辽源市	6	0.05%	9

图 4–9 显示的是 2011—2015 年吉林省各地区发表的 CPCI 论文数分布图。从图中可以看出，长春市的 CPCI 论文发表数量在吉林省各地区中依旧遥遥领先。吉林市虽然位居第 2 位，但论文

发表数量远低于长春市。其余几个地区中，仅四平市、白城市、延边朝鲜族自治州在柱状图上有所体现，除此之外的几个城市所占比例几乎可以忽略不计。

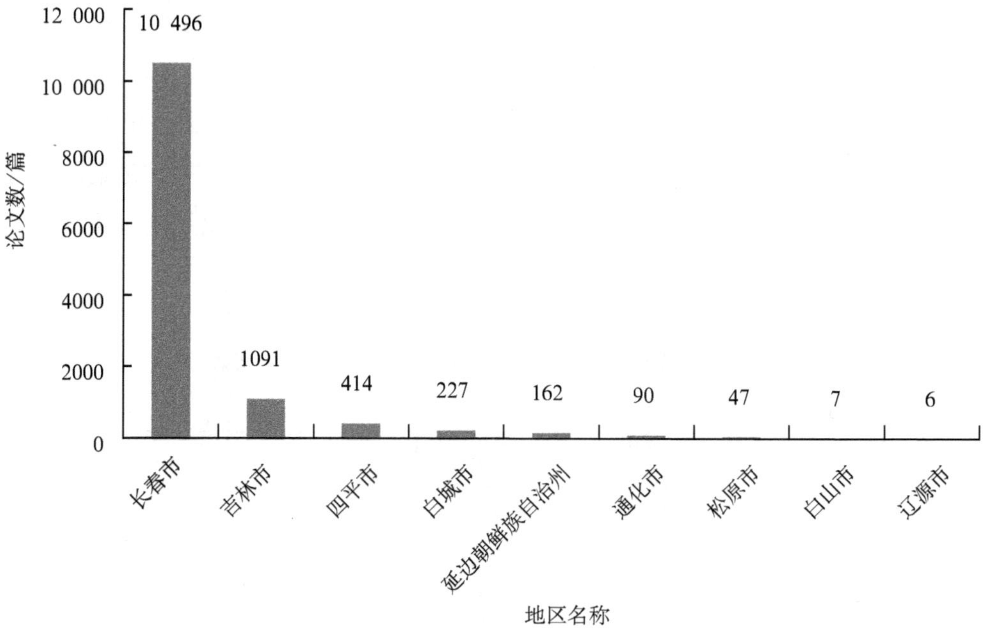

图 4-9　2011—2015 年吉林省各地区发表的 CPCI 论文数

由图 4-10 可以看出，2011—2015 年吉林省各地区 CPCI 论文分布比例中，长春市所占的比例高于其他地区占比的总和。位居第 2 位的吉林市所发表的 CPCI 论文数占比也不足 10%，其余地区的 CPCI 论文数占比则更低。

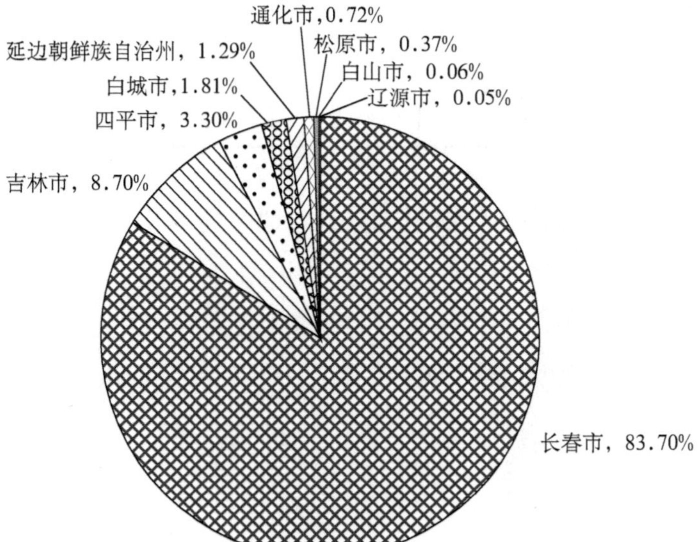

图 4-10　2011—2015 年吉林省各地区 CPCI 论文分布比例情况

4.3 国际国内论文比的地区分布情况

国际国内论文比是在一个固定时间段内某城市发表的国际论文总数与该地区发表的国内论文总数的比值。该比值在一定程度上反映本地区的国际交流能力和影响力。从表 4–7 中可以看出，长春市的国际国内论文比最高，表明长春市的国际论文量占比最高。这是由于长春市云集了吉林大学、东北师范大学、中国科学院长春光学精密机械与物理研究所、中国科学院长春应用化学研究所等多家科研实力较强的机构，与其他几个地区相比较，其国际交流及合作能力都较强，国际显示度和影响力也较高。其余几个地区无论是国内论文总数或是国际论文总数都远低于长春市。

表 4–7　2011—2015 年吉林省各地区国际国内论文比

单位：篇

地区	国内论文总数	国际论文数				国际国内论文比
		SCI	EI	CPCI	总数	
长春市	152 541	33 118	21 333	10 496	64 947	42.58%
四平市	14 086	872	1851	414	3137	22.27%
延边朝鲜族自治州	10 799	1154	363	162	1679	15.55%
吉林市	49 684	1088	5182	1091	7361	14.82%
松原市	2479	72	76	47	195	7.87%
白城市	8613	126	116	227	469	5.45%
通化市	11 985	141	65	90	296	2.47%
白山市	1414	5	9	7	21	1.49%
辽源市	2275	9	12	6	27	1.19%

下面按照国际国内论文比排序，分别对吉林省各地区的 SCI、EI 和 CPCI 论文的占比情况进行分析。

图 4–11 显示的是 2011—2015 年吉林省长春市发表国际论文中 SCI、EI 和 CPCI 论文的比例情况。从图中可以看出，长春市发表的 SCI 论文数占国际论文总数的一半多，发表数量最少的是 CPCI。

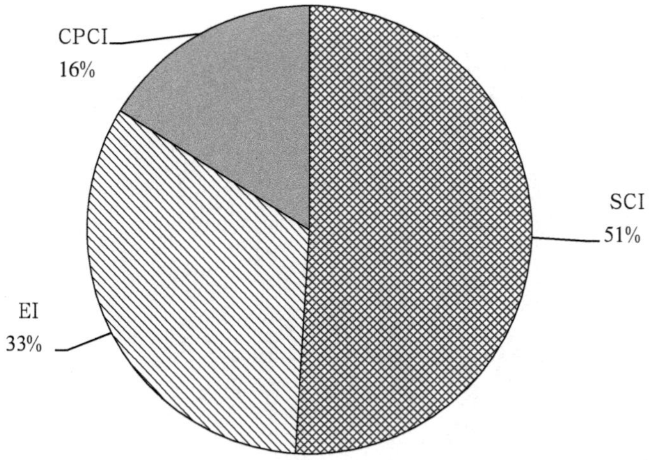

图 4-11　2011—2015 年吉林省长春市发表国际论文的比例情况

图 4-12 显示的是 2011—2015 年吉林省四平市发表的国际论文中 SCI、EI 和 CPCI 论文的比例情况。从图中可以看出，四平市发表的 EI 论文量占比最大，超过 SCI 和 CPCI 占比的总和，发表的论文数量最少的是 CPCI。

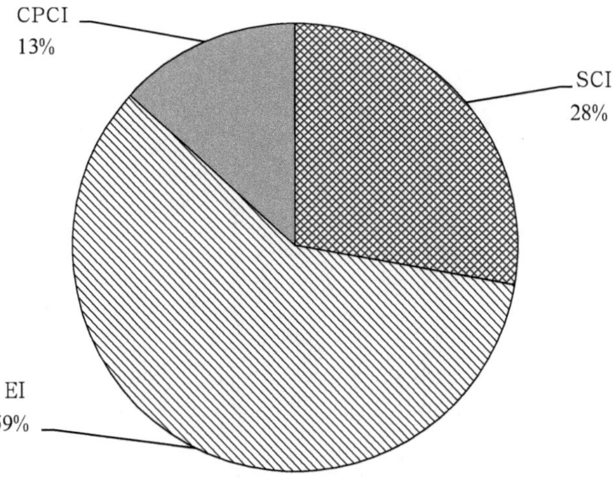

图 4-12　2011—2015 年吉林省四平市发表国际论文的比例情况

图 4-13 显示的是 2011—2015 年吉林省延边朝鲜族自治州发表的国际论文中 SCI、EI 和 CPCI 论文比例情况。从图中可以看出，延边朝鲜族自治州发表的 SCI 论文量最大，几乎占该州发表的国际论文量的 3/4。EI 论文的发表量约占 1/5，而 CPCI 的发表量是最少的。

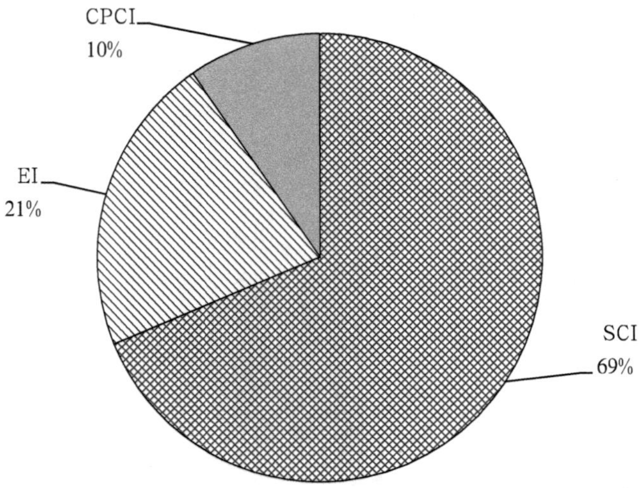

图 4-13　2011—2015 年吉林省延边朝鲜族自治州发表国际论文的比例情况

图 4-14 显示的是 2011—2015 年吉林省吉林市发表国际论文中 SCI、EI 和 CPCI 论文的比例情况。吉林市是继长春市之后，国际论文发表量居第 2 位的城市。从图中可以看出，吉林市发表的 EI 论文量最大，超过 SCI 和 CPCI 的总和，而 SCI 和 CPCI 发表的论文发表数量持平。

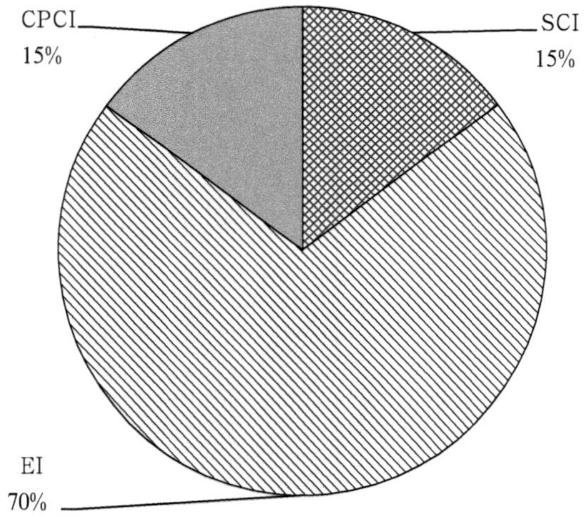

图 4-14　2011—2015 年吉林省吉林市发表国际论文的比例情况

图 4-15 显示的是 2011—2015 年吉林省松原市发表的国际论文不多，仅有 195 篇，其中 SCI 和 EI 论文比例相差不多。从图中可以看出，该城市 CPCI 的发表量最少。

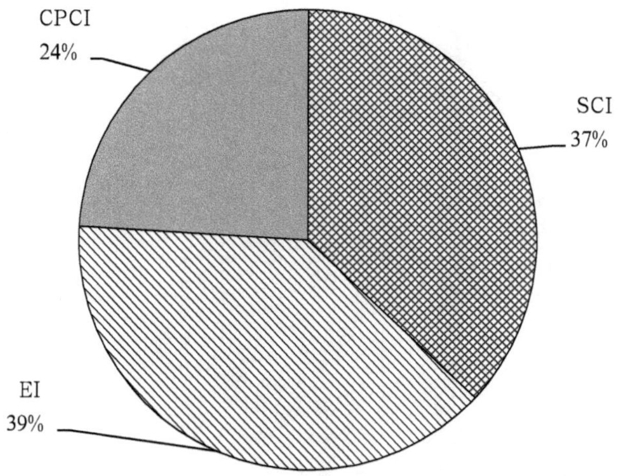

图 4–15　2011—2015 年吉林省松原市发表国际论文的比例情况

图 4–16 显示的是 2011—2015 年吉林省白城市发表的国际论文中 SCI、EI 和 CPCI 论文比例情况。白城市发表的国际论文总数不多，仅有 469 篇，从图中可以看出，CPCI 的论文量比例最大，约占该市发表的国际论文总数的一半；SCI 和 EI 的发表量基本持平。

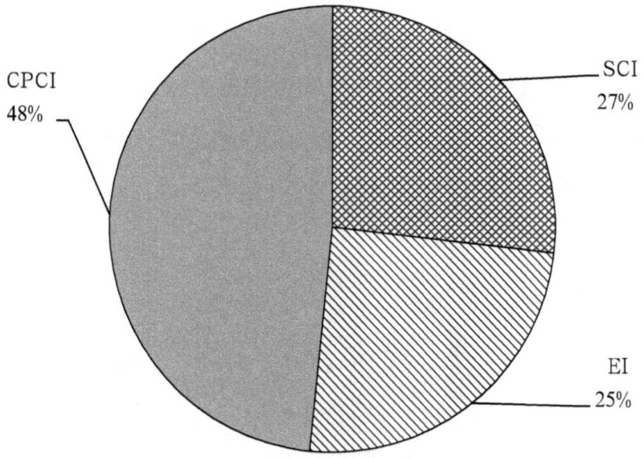

图 4–16　2011—2015 年吉林省白城市发表国际论文的比例情况

图 4–17 显示的是 2011—2015 年吉林省通化市发表的国际论文中 SCI、EI 和 CPCI 论文比例情况。从图中可以看出，通化市发表的 SCI 论文量最大，EI 的发表量最少。

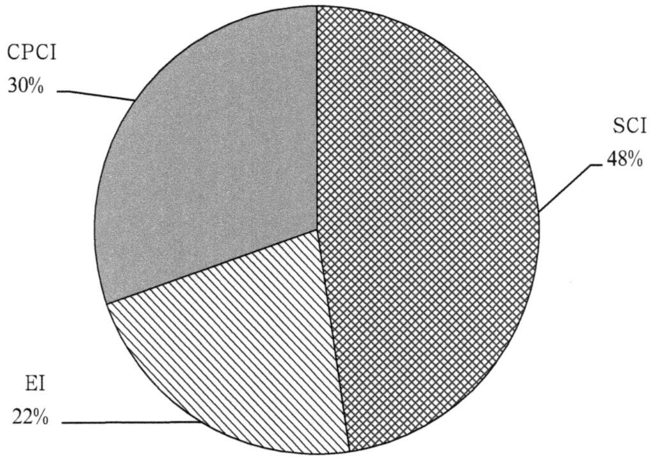

图 4-17　2011—2015 年吉林省通化市发表国际论文的比例情况

图 4–18、图 4–19 分别显示了 2011—2015 年吉林省白山市和辽源市发表的国际论文中 SCI、EI 和 CPCI 论文比例情况。这 2 个城市 2011—2015 年发表的国际论文量非常少，仅有 20 余篇。图中显示的数据比例相似，可以看出 EI 文献发表量略大。整体而言，从国际论文发表量来看，这 2 个城市的国际交流能力均较差，需要尽可能加强和提高。

图 4–20 显示的是 2011—2015 年吉林省各地区发表国际论文的分布比例情况。从图中可以看出，长春市的国际论文发表篇数最多，远超过其他各地区的总和，说明长春市的科技实力、城市的发展能力及其区域优势和科技环境，都远超过其他地区，具有良好的竞争环境和发展优势。吉林市发表的论文篇数也相对多一些，但其研究环境远落后于长春市。

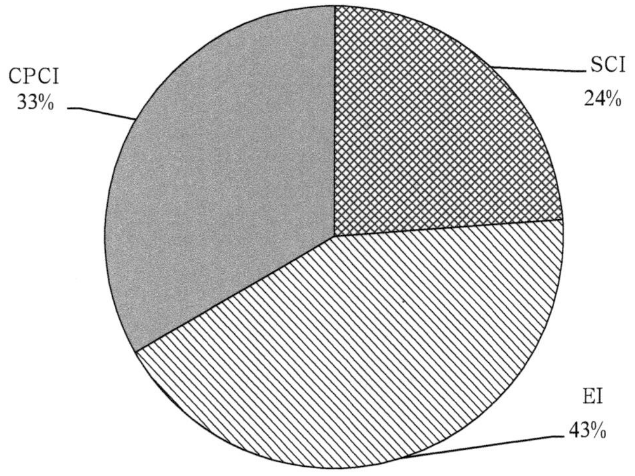

图 4-18　2011—2015 年吉林省白山市发表国际论文的比例情况

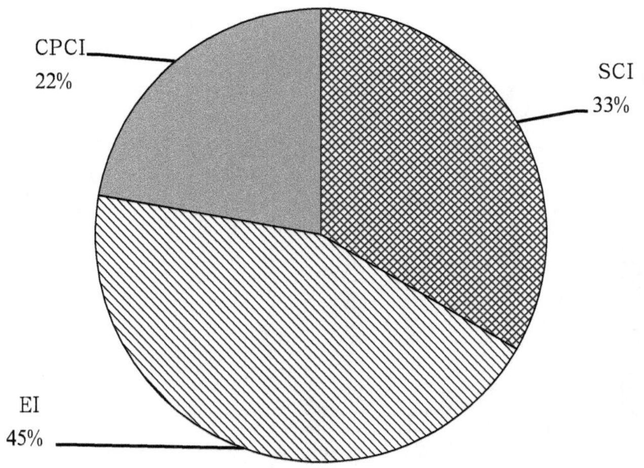

图 4-19　2011—2015 年吉林省辽源市发表国际论文的比例情况

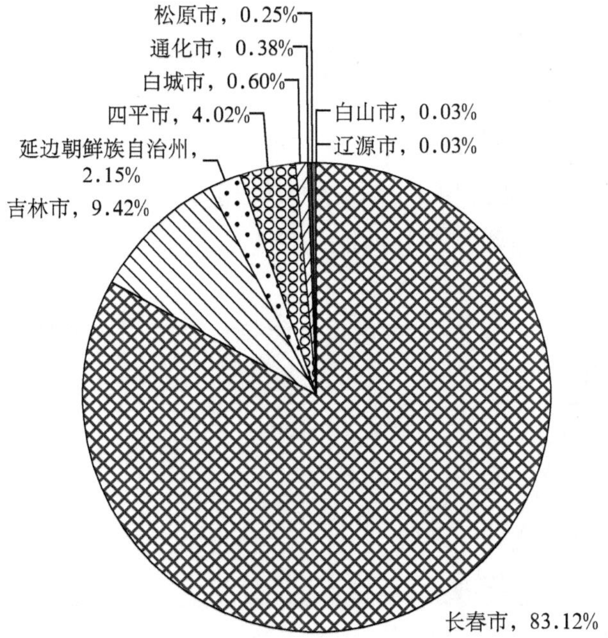

图 4-20　2011—2015 年吉林省各地区发表国际论文的分布比例情况

图 4–21 显示的是 2011—2015 年吉林省各城市国际与国内论文的数量对比分布图。从图中可以明显看出，长春的国际论文与国内论文数量和比例都最高；而其他城市的国际论文都远低于国内论文数。

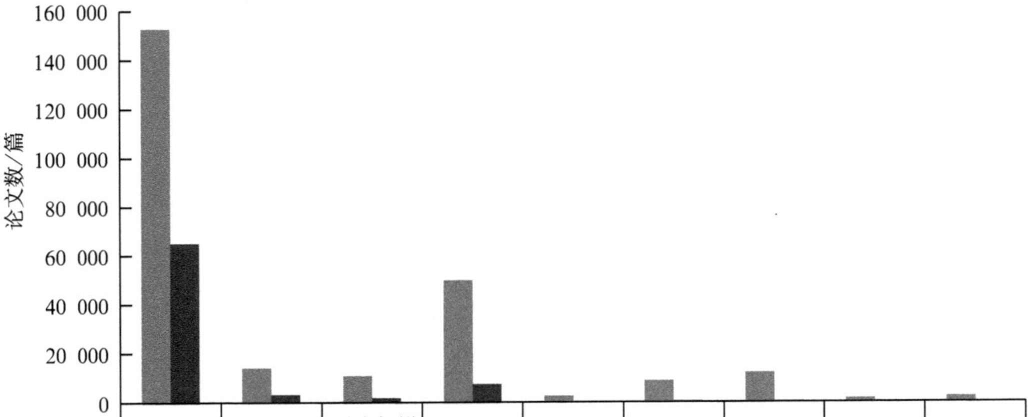

	长春市	四平市	延边朝鲜族自治州	吉林市	松原市	白城市	通化市	白山市	辽源市
■ 国内论文数	152 541	14 086	10 799	49 684	2479	8613	11 985	1414	2275
■ 国际论文数	64 947	3137	1679	7361	195	469	296	21	27

地区名称

图 4-21　2011—2015 年吉林省各地区国内与国际论文的数量对比分布情况

图 4–22 显示的是 2011—2015 年吉林省各地区发表各类国际论文的数量对比情况。从图中可以直观地看出，长春市无论是在 SCI、EI、CPCI 上，还是在论文总数上其论文发表数都远高于其他地区。吉林市在图上的曲线相比其他地区稍有起伏，但其论文总数远不及长春市。

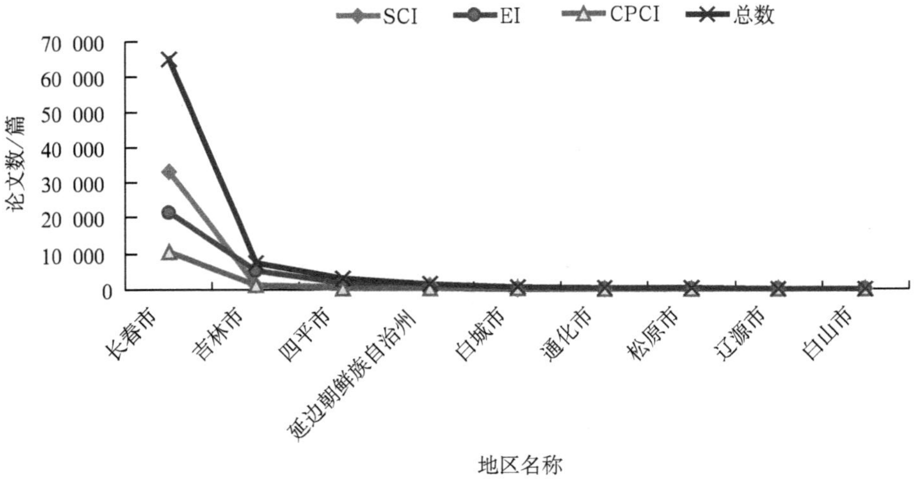

图 4-22　2011—2015 年吉林省各地区发表各类国际论文的数量对比情况

综上所述，在吉林省各个地区中长春市发表科技论文数量最多，国际论文所占比例也最高。这说明长春市的国际影响力较高、高端科技产业及重点学科领域科技论文产出量较大。其他各地区及自治州的国际影响力、国际交流合作能力及热门产业研发等方面均较弱，存在一定短板。

（作者：王欣）

第五章

机构分布情况

5.1 国际部分

5.1.1 SCI 论文

2011—2015 年吉林省 SCI 论文总产出数量为 36 006 篇，主要产出机构为高等院校，占总产出量的 79%；其次是科研院所，占总产出量的 21%，其中部分论文存在多个作者，分别隶属于不同的机构，由此导致统计机构论文产出量时出现了，吉林省科研院所论文产出量加上吉林省高等院校论文产出量大于吉林省论文总产出数量的情况，详情如图 5−1 所示。这是由于吉林省高等院校在职称评定及科研奖励的相关政策规定中，对 SCI 论文的产出倾斜力度较大。例如，某大学在教职员工科研奖励实施细则中提出：SCI 论文实施分区奖励，最低奖励 5000 元，最高奖励 100 000 元。同时，大多数基金和国家项目均要求项目中含有被 SCI 收录的论文。这些明确的奖励制度及要求都极大地提高了高等院校 SCI 论文的产出量。对比之下，吉林省的科研院所及其他机构在科研侧重点上与高等院校不同，对申请国家及省部级项目的热情不足。另外，由于长期以来对科研院所及其他机构的研究成果要求的发表的平台门槛较低，科研院所及机构内关于发表高水平论文的奖励政策制度不完善，奖励力度较低，导致省级及以下的科研院所及机构不重视 SCI 等国际论文的产出量。吉林省企业中的研发部门没有制定相关论文奖励政策，致使吉林省企业的国际论文产出量极低。

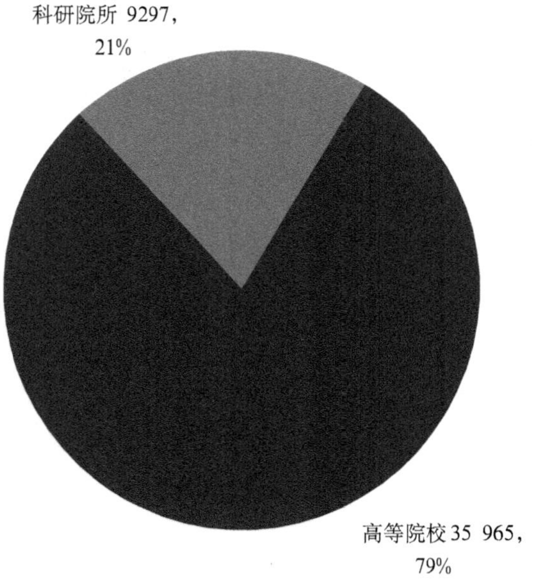

图 5−1　2011—2015 年 SCI 论文的机构类型分布情况

2011—2015 年吉林省高等院校产出 SCI 论文数量前 5 位的大学为吉林大学、东北师范大学、中国科学院大学、长春理工大学和吉林农业大学。其中，吉林大学产出的论文数量占高等院校 SCI 论文产出量总量的 57.86%，详情如图 5−2 所示。

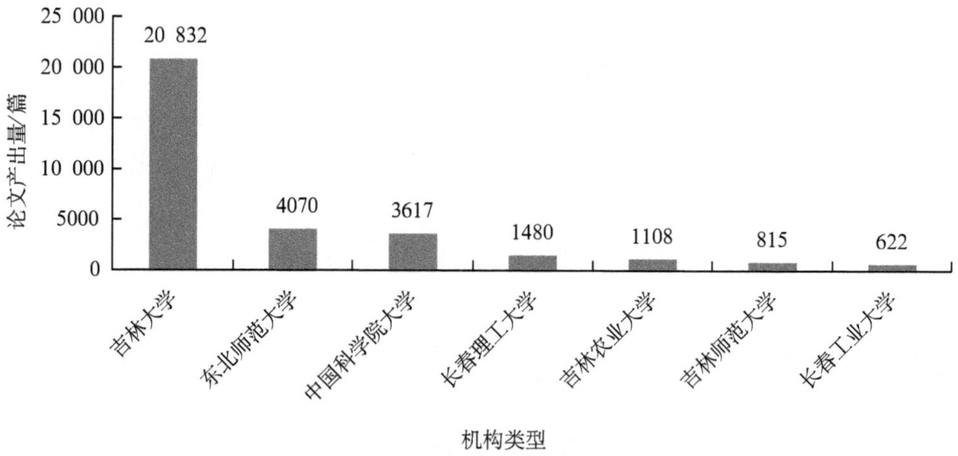

图 5-2　2011—2015 年吉林省高等院校的 SCI 论文产出量排名（前 7 位）

2001—2015 年吉林省产出 SCI 论文数量排名前 3 位的科研机构均为中国科学院及其所属研究院所，具体排名：第 1 位为中国科学院，SCI 论文产出数量为 9525 篇；第 2 位为中国科学院长春应用化学研究所，SCI 论文产出数量为 5835 篇；第 3 位为中国科学院长春光学精密机械与物理研究所，SCI 论文产出数量为 1656 篇；第 4 位为中国科学院东北地理与农业生态研究所，SCI 论文产出数量为 698 篇。其中，中国科学院产出的 SCI 论文数量占吉林省总产出量的 26.45%，在总排名中位于第 2，仅排在吉林大学之下；中国科学院长春应用化学研究所产出的 SCI 论文数量占吉林省总产出量的 16.21%，在总排名中位于第 3 位。由此可以看出，尽管科研院所的数量较少，但中国科学院及其下属院所的高端科技论文产出数量还是很可观的，详情如图 5–3 所示。

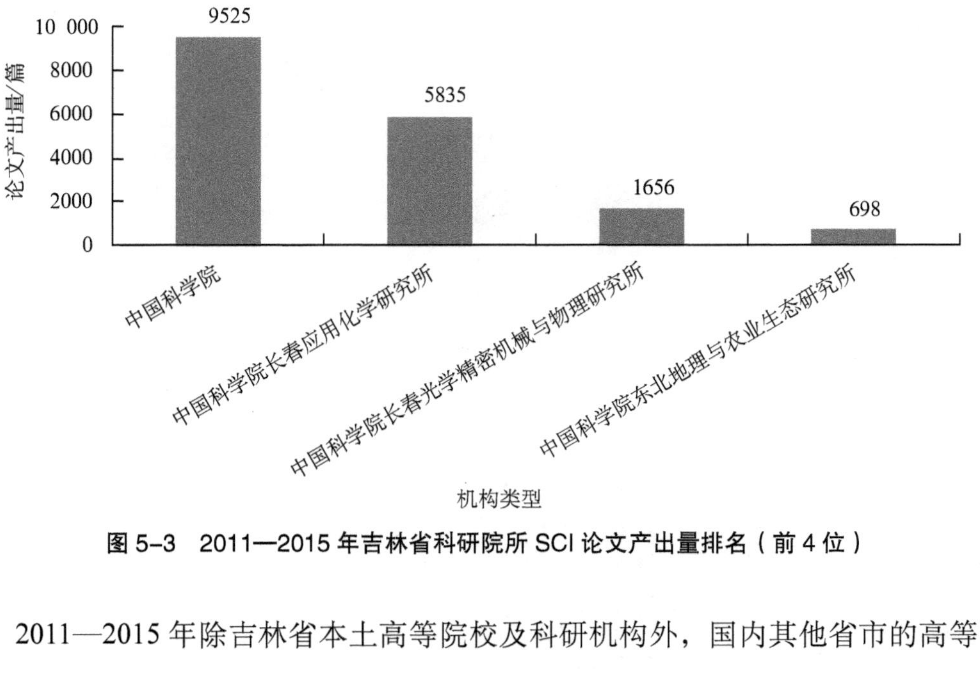

图 5-3　2011—2015 年吉林省科研院所 SCI 论文产出量排名（前 4 位）

此外，2011—2015 年除吉林省本土高等院校及科研机构外，国内其他省市的高等院校及科研机构也在吉林省出版的被 SCI 索引收录的刊物中发表了多篇论文，并占据了一定份额。其中以哈尔滨工业大学、北京大学、中国农业科学院、浙江大学、大连理工大学、中国军事医学科学院和上海交通大学为代表，其累计占总产出量的 7.47%。由此可见，由吉林省出版、现已被 SCI 收录的期刊也得到了国内其他省市高等院校及科研机构的认可，详情如图 5-4 所示。

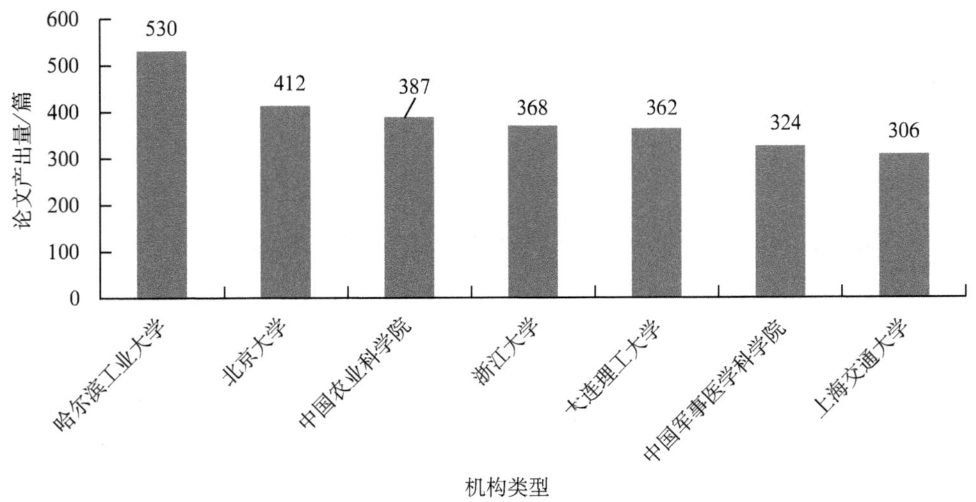

图 5-4　2011—2015 年非吉林省籍高等院校及机构在吉林省出版的 SCI 刊物中的论文发表量排名（前 7 位）

5.1.2　CPCI 论文

2011—2015 年吉林省 CPCI 论文总产出量为 12 540 篇，其中绝大部分来源于高等院校，约占总产出量的 88.06%，而科研院所论文总产出量仅为 805 篇，占总产出量的 6.42%。与 SCI 论文相比，科研机构的论文产出数量占比明显较低，详情如图 5-5 所示。

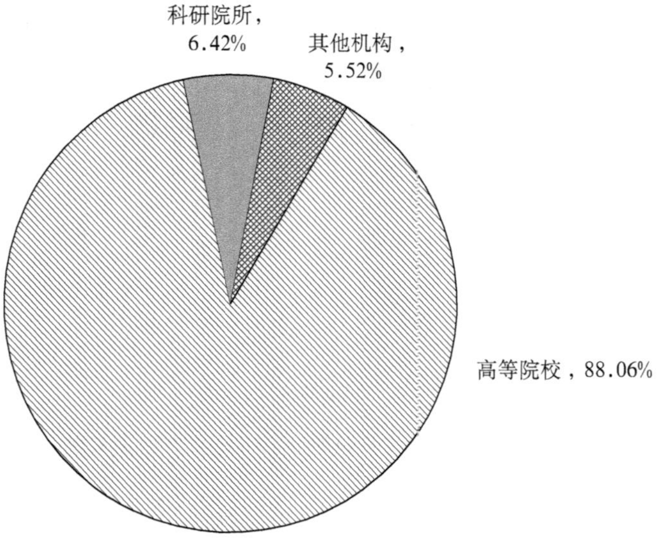

图 5-5　2011—2015 年吉林省 CPCI 论文的产出机构类型分布情况

2011—2015 年吉林省 CPCI 论文产出量前 10 位的高等院校及机构分别为吉林大学、长春理工大学、东北电力大学、北华大学、长春工业大学、长春大学、吉林农业大学、东北师范大学、吉林建筑大学和中国人民解放军空军航空大学。与 SCI 论文相比，吉林大学的论文产出数量在吉林省高等院校及机构中虽遥遥领先，但是在吉林省高等院校及机构 CPCI 论文总产出量中的占比有所下降，为 33.05%，如表 5–1、图 5–6 所示。

表 5–1　2011—2015 年吉林省高等院校及机构 CPCI 论文产出量排名情况（论文数≥ 100 篇）

序号	机构名称（英文）	机构名称（中文）	CPCI 论文数 / 篇	占例
1	Jilin University	吉林大学	4145	33.05%
2	Changchun University of Science and Technology	长春理工大学	1199	9.56%
3	Northeast Electric Power University	东北电力大学	817	6.52%
4	University of Chinese Academy of Sciences	中国科学院	805	6.42%
5	Beihua University	北华大学	557	4.44%
6	Changchun University of Technology	长春工业大学	552	4.40%
7	Changchun University	长春大学	535	4.27%
8	Jilin Agricultural University	吉林农业大学	505	4.03%
9	Northeast Normal University	东北师范大学	499	3.98%
10	Jilin Jianzhu University	吉林建筑大学	489	3.90%
11	Aviation University Air Force	中国人民解放军空军航空大学	459	3.66%
12	Changchun Institute of Technology	长春工程学院	458	3.65%
13	Jilin Business And Technology College	吉林工商学院	268	2.14%
14	Jilin University of Finance And Economics	吉林财经大学	147	1.17%
15	Baicheng Normal University	白城师范学院	138	1.10%
16	Jilin Institute Of Chemical Technology	吉林化工学院	129	1.03%
17	Changchun Normal University	长春师范大学	110	0.88%
18	Jilin Engineering Normal University	吉林工程技术师范学院	103	0.82%

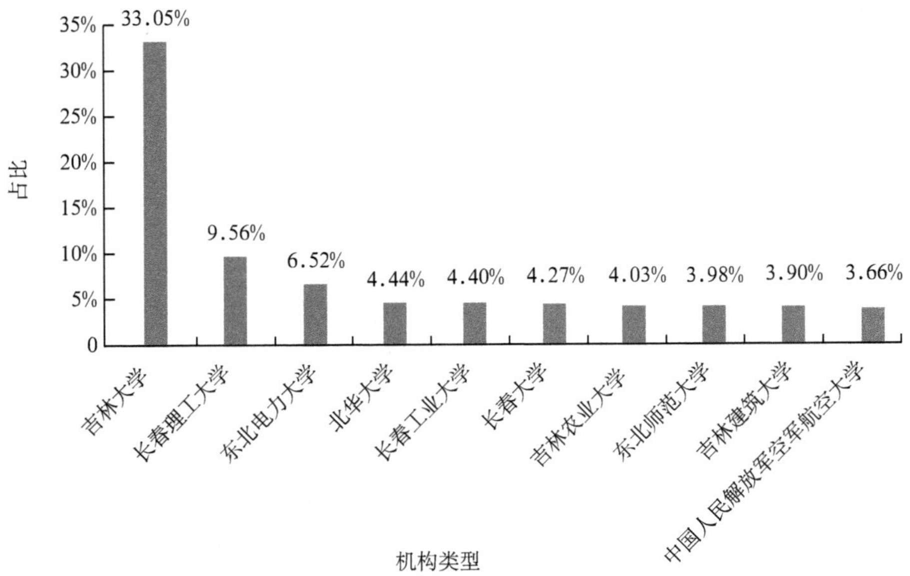

图 5-6　2011—2015 年吉林省高等院校 CPCI 论文产出量排名（前 10 位）

5.2　国内部分

2011—2015 年吉林省被中国引文数据库收录的论文共 258 396 篇。其中，高等院校发文量远超其他机构，占总发文量的 83%；科研院所的发文量占总发文量的 12%；其他机构的发文量仅占总发文量的 5%，详情如图 5–7 所示。

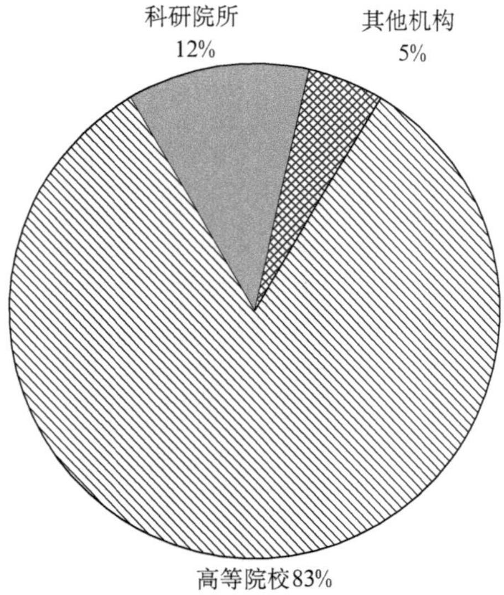

图 5–7　2011—2015 年吉林省被中国引文数据库收录论文的机构类型分布情况

根据图 5–8 可以看出，2011—2015 年吉林省不同机构被中国引文数据库收录论文发文量总体处于平均状态。高等院校被中国引文数据库收录论文发文量在 2014 年后有小幅提高；科研院所及其他机构的 5 年发文量基本持平，并未出现明显的增加或者骤减，详情如图 5–8 所示。

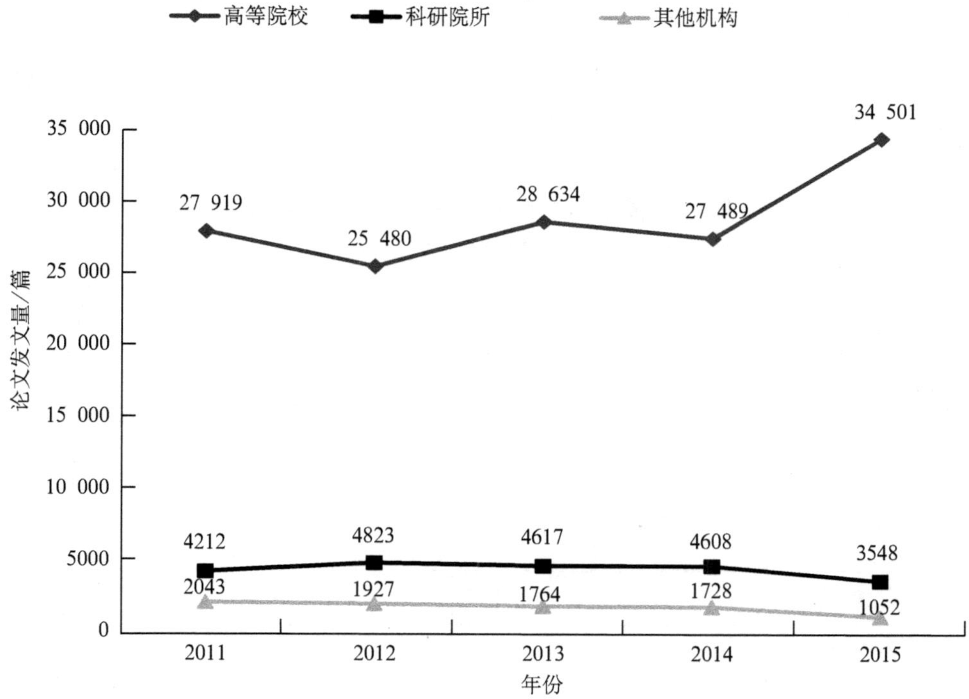

图 5-8　2011—2015 年吉林省被中国引文数据库收录论文的机构类型总体趋势

2011—2015 年吉林省被中国引文数据库收录论文产出量排名前 10 位的高等院校及机构为吉林大学、东北师范大学、吉林农业大学、中国科学院长春光学精密机械与物理研究所、吉林大学第一医院、东北电力大学、长春理工大学、延边大学、吉林师范大学、长春工业大学，其中多数为高等院校，详情如图 5-9 所示。

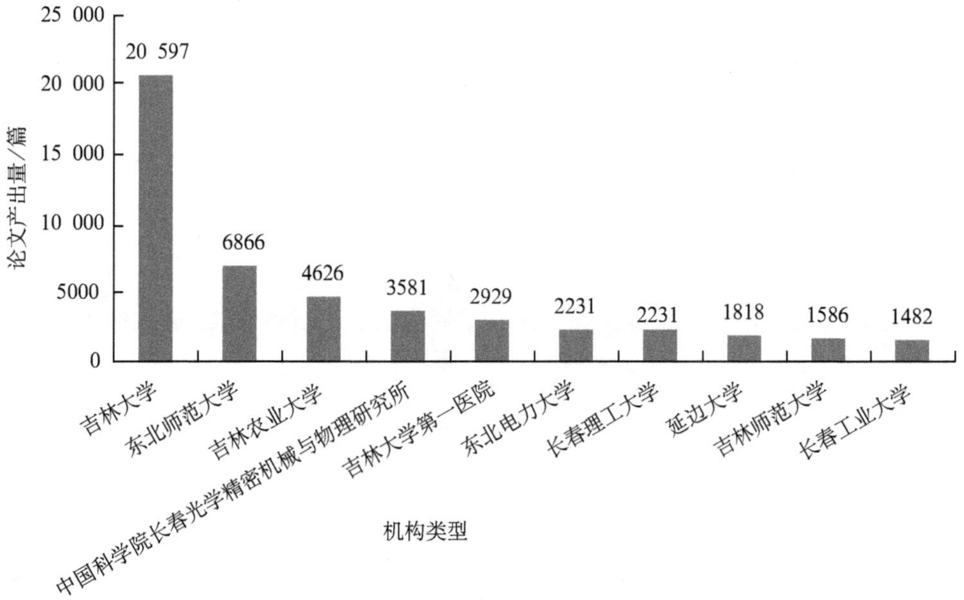

图 5-9　2011—2015 年吉林省高等院校及机构被中国引文数据库收录论文产出量排名（前 10 位）

2011—2015 年吉林省被中国引文数据库收录论文产出量排名前 10 位的高等院校为：吉林大学、东北师范大学、吉林农业大学、东北电力大学、长春理工大学、延边大学、吉林师范大学、长春工业大学、北华大学、中国科学院大学，详情如表 5–2 所示。

表 5–2 2011—2015 年吉林省高等院校被中国引文数据库收录论文产出量排名（前 10 位）

高等院校名称	论文产出量	吉林省总排名
吉林大学	20 597	1
东北师范大学	6866	2
吉林农业大学	4626	3
东北电力大学	2231	6
长春理工大学	2231	6
延边大学	1818	8
吉林师范大学	1586	9
长春工业大学	1482	10
北华大学	1449	11
中国科学院大学	1426	12

2011—2015 年吉林省被中国引文数据库收录论文产出量排名前 5 位的医疗机构为吉林大学第一医院、吉林大学中日联谊医院、吉林大学第二医院、延边大学附属医院、吉林省人民医院，详情如图 5–10 所示。

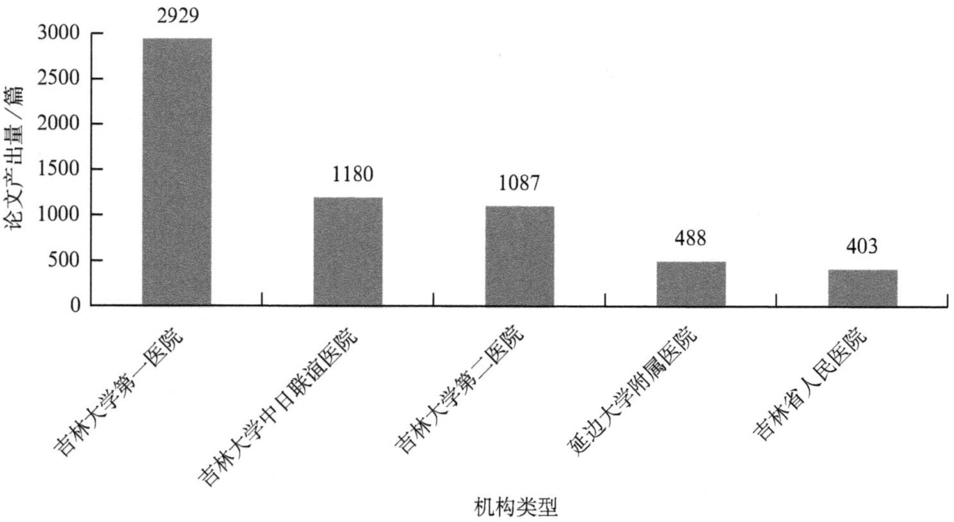

图 5–10 2011—2015 年吉林省医疗机构被中国引文数据库收录的论文产出量排名（前 5 位）

2011—2015 年吉林省被中国引文数据库收录论文产出量排名前 5 位的科研院所为中国科学院长春光学精密机械与物理研究所、中国科学院东北地理与农业生态研究所、中国科学院长春应用化学研究所、中国农业科学院特产研究所、中国人民解放军军事医学科学院军事兽医研究所，详情如图 5–11 所示。

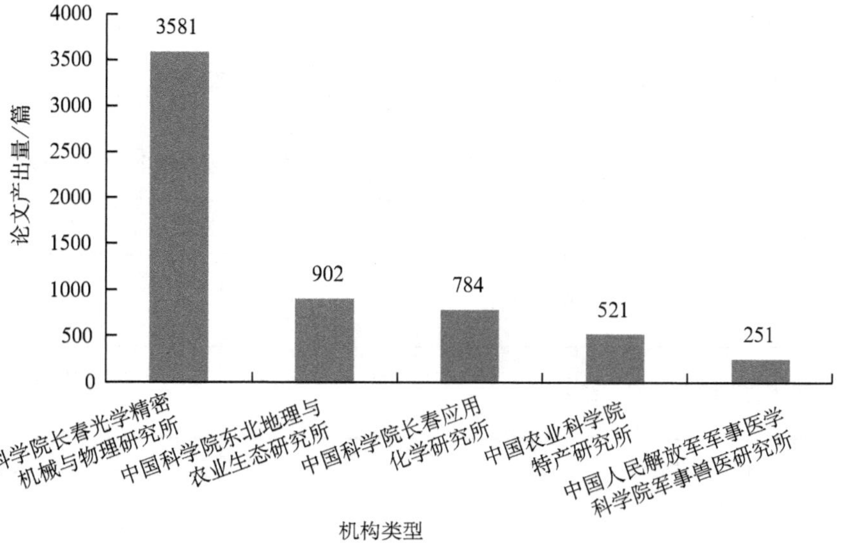

图 5–11　2011—2015 年吉林省科研机构被中国引文数据库收录论文产出量排名（前 5 位）

2011—2015 年吉林省被中国引文数据库收录论文产出量排名前 5 位的企事业单位为中国第一汽车集团有限公司、中国石油吉林油田分公司、中国石油吉林石化公司、中国北车股份有限公司长春轨道客车股份有限公司、吉林出入境检验检疫局，详情如图 5–12 所示。

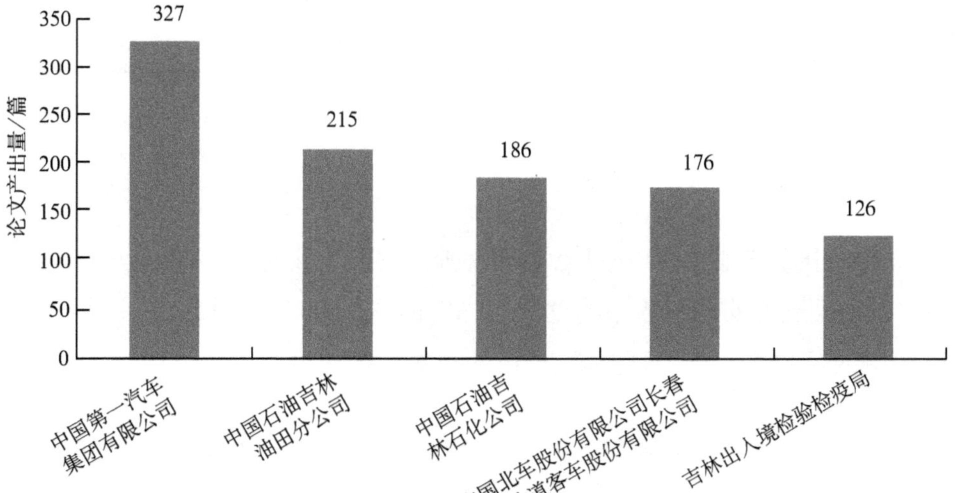

图 5–12　2011—2015 年吉林省企事业单位被中国引文数据库收录论文产出量排名（前 5 位）

5.3 吉林省主要科研机构论文产出能力

5.3.1 吉林大学

2011—2015 年吉林大学共发表 SCI 论文 20 832 篇，CPCI 论文 4145 篇，国内期刊论文 38 187 篇，SCI 论文、CPCI 论文及国内期刊论文的发表量均处于吉林省第一位。2011—2015 年吉林大学发表的国内期刊论文被引频次前 10 位的论文情况如表 5–3 所示。

表 5–3　2011—2015 年吉林大学发表的国内期刊论文被引频次数前 10 位的论文情况

序号	题目名称	期刊来源	被引频次
1	翻转课堂及其在大学英语教学中的应用	中国电化教育，2014（11）：116–121	306
2	面向物联网的无线传感器网络综述	电子与信息学报，2013（1）：215–227	253
3	物联网技术与应用研究	电子学报，2012（5）：1023–1029	205
4	大数据视角分析学习变革——美国《通过教育数据挖掘和学习分析促进教与学》报告解读及启示	远程教育杂志，2013（6）：11–17	185
5	大数据流式计算：关键技术及系统实例	软件学报，2014（4）：839–862	139
6	创新创业教育与专业教育的深度融合	中国大学教学，2014（11）：35–37	132
7	资源整合过程、动态能力与竞争优势：机理与路径	管理世界，2011（3）：92–101	125
8	我国跨境电子商务物流现状及运作模式	中国流通经济，2015（1）：51–56	120
9	慕课背景下高职英语教学改革初探	职业技术教育，2014（8）：43–45	106
10	基于大数据的个性化自适应在线学习分析模型及实现	中国电化教育，2015（1）：85–92	92

5.3.2 中国科学院长春应用化学研究所

2011—2015 年中国科学院长春应用化学研究所共发表 SCI 论文 5835 篇，国内期刊论文 875 篇。SCI 论文、国内期刊论文的发表量均处于吉林省前列。2011—2015 年中国科学院长春应用化学研究所发表的国内期刊论文被引频次前 10 位的论文情况如表 5–4 所示。

表 5–4　2011—2015 年中国科学院长春应用化学研究所发表的国内期刊论文被引频次前 10 位的论文情况

序号	题目名称	期刊来源	被引频次
1	3D 打印技术制备生物医用高分子材料的研究进展	高分子学报，2013（6）：722–732	60

续表

序号	题目名称	期刊来源	被引频次
2	尿液代谢组学方法研究人参总皂苷治疗糖尿病心肌病大鼠作用机制	分析化学，2013（3）：371−376	29
3	人参及其炮制品抗疲劳作用	中国实验方剂学杂志，2011（19）：210−213	26
4	五味子治疗大鼠糖尿病肾病作用机制的血清代谢组学研究	分析化学，2015（2）：169−175	26
5	机载光电侦察平台复合减振设计	光学精密工程，2011（1）：83−89	25
6	聚谷氨酸修饰电极同时检测对苯二酚和邻苯二酚	分析化学，2011（4）：528−533	24
7	乌头类双酯型生物碱组分转化为单酯水解型及脂型生物碱组分的研究	高等学校化学学报，2011（3）：717−720	19
8	复合酶法提取大蒜多糖及其抗氧化活性研究	分子科学学报：中英文版，2012（1）：47−52	19
9	植物酵素润肠通便保健功能研究	食品与发酵科技，2012（3）：54−56	19
10	格列美脲治疗的2型糖尿病大鼠的尿液代谢组学研究	高等学校化学学报，2012（10）：2169−2172	17

5.3.3 东北师范大学

2011—2015年东北师范大学共发表SCI论文4070篇，CPCI论文499篇，国内期刊论文15 056篇。其中，SCI论文、CPCI论文及国内期刊论文的发表量均处于吉林省前3位。2011—2015年东北师范大学发表的国内期刊论文被引频次前10位的论文情况如表5−5所示。

表5−5　2011—2015年东北师范大学发表的国内期刊论文被引频次前10位的论文情况

序号	题目名称	期刊来源	被引频次
1	翻转课堂教学模型的设计——基于国内外典型案例分析	现代教育技术，2013（8）：5−10	454
2	微信支持下的混合式学习研究——以“摄影基本技术”课程为例	中国电化教育，2012（7）：128−132	333
3	大数据视角分析学习变革——美国《通过教育数据挖掘和学习分析促进教与学》报告解读及启示	远程教育杂志，2013（6）：11−17	185
4	MOOC热的冷思考——国际上对MOOCs课程教学六大问题的审思	远程教育杂志，2014（2）：39−47	167
5	我国高校创业教育与创新型人才培养研究	中国高教研究，2015（1）：39−44	140
6	微课设计和应用的关键问题思考	中国电化教育，2014（12）：85−88	138

续表

序号	题目名称	期刊来源	被引频次
7	基于翻转课堂的化学实验教学模式及支撑系统研究	远程教育杂志，2013（5）：107–112	137
8	技术支持的基于创造的学习 -- 美国中小学创客教育的内涵、特征与实施路径	开放教育研究，2014（6）：42–49	131
9	微型学习视频的设计研究	中国电化教育，2012（4）：21–24	124
10	"广谱式"创新创业教育的体系架构与理论价值	教育研究，2015（5）：56–63	116

5.3.4 中国科学院长春光学精密机械与物理研究所

2011—2015 年中国科学院长春光学精密机械与物理研究所共发表 SCI 论文 1656 篇，国内期刊论文 4735 篇。其中，SCI 论文、国内期刊论文的发表量均处于吉林省前列。2011—2015 年中国科学院长春光学精密机械与物理研究所发表的国内期刊论文被引频次前 10 位的论文情况如表 5–6 所示。

表 5–6 2011—2015 年中国科学院长春光学精密机械与物理研究所发表的国内期刊论文被引频次前 10 位的论文情况

序号	题目名称	期刊来源	被引频次
1	光电轴角编码器细分信号误差及精度分析	光学精密工程，2012（2）：379–386	67
2	小波阈值去噪法的深入研究	激光与红外，2012（1）：105–110	57
3	大功率半导体激光器研究进展	发光学报，2015（1）：1–19	46
4	地基大口径望远镜系统结构技术综述	中国光学，2012（4）：327–336	42
5	碳纤维复合材料在航天领域的应用	中国光学，2011（3）：201–212	41
6	流式细胞仪的原理、应用及最新进展	现代生物医学进展，2011（22）：4378–4381	40
7	基于对比度敏感度的无参考图像清晰度评价	光学精密工程，2011（10）：2485–2493	38
8	增量式编码器自动检测系统	电子测量与仪器学报，2012（11）：993–998	37
9	空间激光通信发展概述	中国光学，2013（5）：670–680	35
10	暗原色先验单幅图像去雾改进算法	中国图象图形学报，2014（3）：381–385	35

5.3.5 长春理工大学

2011—2015 年长春理工大学共发表 SCI 论文 1480 篇，CPCI 论文 1199 篇，国内期刊论文 6628 篇。其中，SCI 论文、CPCI 论文及国内期刊论文的发表量均处于吉林省前 10 位。2011—2015 年长春理工大学发表的国内期刊论文被引频次前 10 位的论文情况如表 5–7 所示。

表 5-7　2011—2015 年长春理工大学发表的国内期刊论文被引频次前 10 位的论文情况

序号	题目名称	期刊来源	被引频次
1	面向物联网的无线传感器网络综述	电子与信息学报，2013（1）：215–227	253
2	承包权与经营权分置的法构造	法学研究，2015（3）：31–46	64
3	空间激光通信组网光学原理研究	光学学报，2012（10）：48–52	42
4	空间激光通信研究现状及发展趋势	中国光学，2012（2）：116–125	37
5	暗原色先验单幅图像去雾改进算法	中国图象图形学报，2014（3）：381–385	35
6	基于 ZigBee 技术的 CC2530 粮库温湿度检测系统研究	长春理工大学学报：自然科学版，2011（4）：53–57	34
7	一种新的不平衡数据学习算法 PCBoost	计算机学报，2012（2）：202–209	28
8	PLC 在材料自动分拣系统中的应用	煤炭技术，2011（12）：31–32	28
9	空间激光通信捕获、对准、跟踪系统动态演示实验	中国激光，2014（3）：125–130	26
10	浅谈计算机网络信息安全及其防护策略	科技创新导报，2012（5）：42	26

5.3.6　中国科学院东北地理与农业生态研究所

2011—2015 年，中国科学院东北地理与农业生态研究所共发表 SCI 论文 698 篇，国内期刊论文 1058 篇。其中，SCI 论文、国内期刊论文的发表量均处于吉林省前列。2011—2015 年中国科学院东北地理与农业生态研究所发表的国内期刊论文被引频次前 10 位的论文情况如表 5–8 所示。

表 5-8　2011—2015 年中国科学院东北地理与农业生态研究所发表的国内期刊论文被引频次前 10 位的论文情况

序号	题目名称	期刊来源	被引频次
1	20 世纪 80 年代末以来中国土地利用变化的基本特征与空间格局	地理学报，2014（1）：3–14	236
2	中国能源消费碳排放强度及其影响因素的空间计量	地理学报，2013（10）：1418–1431	68
3	气候变化对水循环与水资源的影响研究综述	地理科学，2013（4）：457–464	65
4	生物炭理化性质及对土壤改良效果的研究进展	土壤与作物，2012（4）：219–226	53
5	东北多年冻土区植被 NDVI 变化及其对气候变化和土地覆被变化的响应	中国环境科学，2011（2）：283–292	50
6	松嫩草地 80 种草本植物叶片氮磷化学计量特征	植物生态学报，2012（3）：222–230	50
7	1978—2008 年中国湿地类型变化	科学通报，2012（16）：1400–1411	47

续表

序号	题目名称	期刊来源	被引频次
8	冻融作用对土壤有机碳库及微生物的影响研究进展	冰川冻土，2011（2）：442–452	45
9	密度制约决定的植物生物量分配格局	生态学杂志，2011（8）：1579–1589	40
10	全球变化背景下脆弱性研究进展与应用展望	地理科学进展，2011（7）：920–929	40

5.3.7 吉林农业大学

2011—2015 年吉林农业大学共发表 SCI 论文 1108 篇，CPCI 论文 505 篇，国内期刊论文 9442 篇。其中，SCI 论文、CPCI 论文及国内期刊论文的发表量均处于吉林省前 10 位。2011—2015 年吉林农业大学发表的国内期刊论文被引频次前 10 位的论文情况如表 5–9 所示。

表 5–9　2011—2015 年吉林农业大学发表的国内期刊论文被引频次前 10 位的论文情况

序号	题目名称	期刊来源	被引频次
1	土壤团聚体中有机质研究进展土壤团聚体中有机质研究进展	土壤学报，2011（2）：412–418	77
2	生物质炭结构性质及其对土壤有效养分和腐殖质组成的影响	农业环境科学学报，2011（10）：2075–2080	73
3	中国能源消费碳排放强度及其影响因素的空间计量	地理学报，2013（10）：1418–1431	68
4	我国中药材中重金属污染现状分析及对策研究	中草药，2014（9）：1199–1206	62
5	黄芪多糖对 1 ～ 14 日龄肉仔鸡生长性能、脏器指数及抗氧化能力的影响	动物营养学报，2011（3）：486–491	58
6	吉林省工业化、城镇化与农业现代化关系实证分析	地理科学，2012（5）：591–595	53
7	家庭农场融资问题研究	南方金融，2013（3）：59–61	53
8	乳酸菌益生功能及作用机制研究进展	中国兽药杂志，2011（2）：47–50	45
9	人参药理作用研究新进展	人参研究，2013（1）：46–52	43
10	施氮对不同土壤肥力玉米氮素吸收和利用的影响	植物营养与肥料学报，2011（2）：301–309	41

5.3.8 东北电力大学

2011—2015 年东北电力大学共发表 CPCI 论文 817 篇，国内期刊论文 6279 篇。其中，CPCI 论文、国内期刊论文的发表量均处于吉林省前 10 位。2011—2015 年东北电力大学发表的国内期刊论文被引频次前 10 位的论文情况如表 5–10 所示。

表 5-10　2011—2015 年东北电力大学发表的国内期刊论文被引频次前 10 位的论文情况

序号	题目名称	期刊来源	被引频次
1	微电网平滑切换控制方法及策略	电力系统自动化，2011（18）：17–24	86
2	风电功率波动的时空分布特性	电网技术，2011（2）：110–114	85
3	含多种分布式电源的微电网控制策略	电力自动化设备，2012（5）：19–23	71
4	“慕课”浪潮引发的高校教学改革思考	东北师大学报：哲学社会科学版，2015（2）：190–194	69
5	用于松弛调峰瓶颈的储能系统容量配置方法	中国电机工程学报，2012（28）：27–35	65
6	输电线路导线覆冰机理及雨凇覆冰模型	高电压技术，2011（1）：241–248	62
7	大规模风光互补发电系统建模与运行特性研究	电网技术，2012（1）：65–71	53
8	基于聚类算法的风电场动态等值	中国电机工程学报，2012（4）：11–19	49
9	基于自适应混沌粒子群优化算法的多目标无功优化	电力系统保护与控制，2011（9）：26–31	48
10	空间电力负荷预测方法综述与展望	中国电机工程学报，2013（25）：78–92	47

（作者：刘小溪）

第六章

论文被引用与影响分析

本章主要选用论文被引次数为主要指标，对吉林省科技论文的被引趋势、学科、研究方向、高等学校与科研院所分布情况及基金项目等方面进行了国际和国内的统计与分析，从侧面揭示了吉林省科研工作论文产出的影响，为管理部门决策和科研人员的研究工作提供丰富可靠的数据支撑。本研究从两个角度分析吉林省科技论文被引用与影响情况，一是论文在国际的被引用情况，二是论文在国内的被引用情况。

本章的国际论文被引用情况数据来源于 Web of Science 检索平台 Science Citation Index Expanded（SCI-E）、Social Sciences Citation Index（SSCI）数据库、Conference Proceedings Citation Index-Science（CPCI-S）、Conference Proceedings Citation Index-Social Science & Humanities（CPCI-SSH）数据库、ProQuest Dialog 检索平台、EI Compendex 数据库；国内论文被引用情况数据来源于中国引文数据库。

6.1 国际论文被引用情况

通过 Web of Science 检索平台，检索到 2011—2015 年 SCI 核心期刊数据库收录的吉林省科技论文共有 36 006 篇。截至 2017 年 12 月底，总被引次数为 432 508 次，详见表 6–1、图 6–1 和图 6–2。可以看出，2011—2015 年吉林省被 SCI 核心期刊引用的科技论文数稳步增长，平均年增长率保持在 12.18%，但越靠近数据截止日期，各年的被引次数、每篇平均被引次数都呈下降趋势。这符合论文年度被引次数的一般规律：论文发表后前几年被引用比较多，然后呈逐年下降趋势，所以一篇论文的热度或质量可以根据其发表后 5 年内被引次数为标准对其进行评价。

表 6–1 2011—2015 年 SCI 核心期刊数据库收录吉林省科技论文被引用情况

年份	论文数／篇	被引次数／次	每篇平均被引次数／次
2011 年	5631	92 632	16.45
2012 年	6291	96 613	15.36
2013 年	7124	94 236	13.23
2014 年	8045	86 730	10.78
2015 年	8915	62 297	6.99
合计	36 006	432 508	

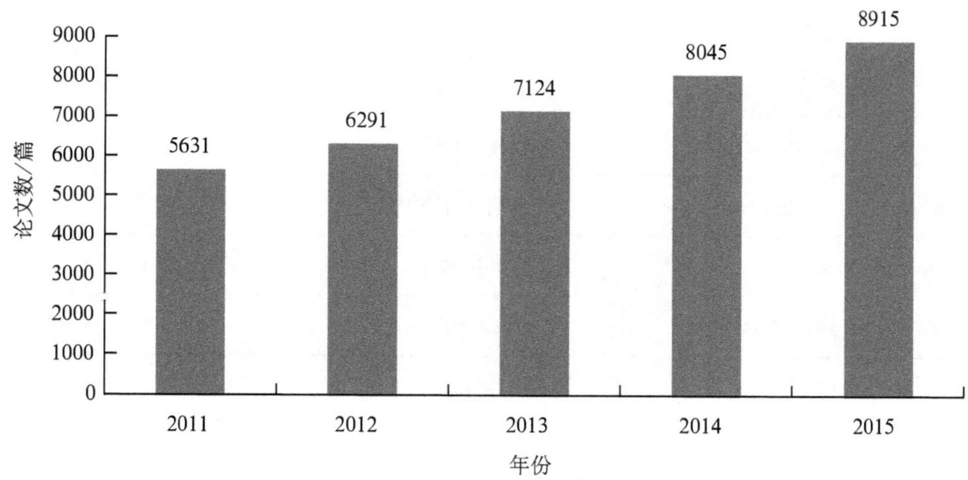

图 6-1　2011—2015 年 SCI 核心期刊数据库收录吉林省科技论文篇数情况

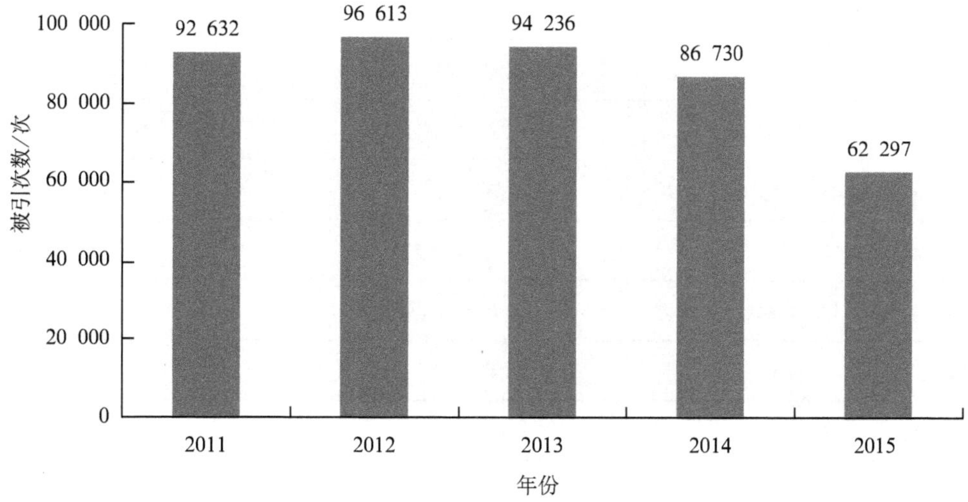

图 6-2　2011—2015 年 SCI 核心期刊数据库收录吉林省科技论文被引用情况

2011—2015 年，吉林省 SCI 论文被引次数排在前 3 位的学科分别为化学多学科、材料科学多学科和化学物理，所占比例分别为 20.02%、16.42%、13.45%。表 6-2 为 2011—2015 年 SCI 核心期刊数据库收录吉林省科技论文被引次数排名前 20 位的学科分布情况。图 6-3 为 2011—2015 年 SCI 核心期刊数据库收录吉林省科技论文被引次数排名前 10 位的学科，分别为化学多学科、材料科学多学科、化学物理、纳米技术、物理应用、物理凝聚物质、化学分析、电化学、生物化学分子学、能源燃料。

表 6-2　2011—2015 年 SCI 核心期刊数据库收录吉林省科技论文被引次数按学科分布情况（前 20 位）

序号	学科名称（英文）	学科名称（中文）	被引次数／次	占比
1	Chemistry Multidisciplinary	化学多学科	149 865	20.02%
2	Materials Science Multidisciplinary	材料科学多学科	122 869	16.42%
3	Chemistry Physical	化学物理	100 669	13.45%
4	Nanoscience Nanotechnology	纳米技术	73 656	9.84%
5	Physics Applied	物理应用	57 903	7.74%
6	Physics Condensed Matter	物理凝聚物质	30 160	4.03%
7	Chemistry Analytical	化学分析	29 747	3.97%
8	Electrochemistry	电化学	23 955	3.20%
9	Biochemistry Molecular Biology	生物化学分子学	21 293	2.84%
10	Energy Fuels	能源燃料	19 217	2.57%
11	Chemistry Inorganic Nuclear	化学无机核	18 985	2.54%
12	Multidisciplinary Sciences	多学科科学	17 527	2.34%
13	Polymer Science	聚合物科学	16 158	2.16%
14	Pharmacology Pharmacy	药理学及药剂学	12 823	1.71%
15	Optics	光学	11 751	1.57%
16	Oncology	肿瘤学	10 574	1.41%
17	Physics Multidisciplinary	物理多学科	10 235	1.37%
18	Crystallography	结晶学	9435	1.26%
19	Physics Atomic Molecular Chemical	物理原子分子化学	6117	0.82%
20	Medicine Research Experimental	药学研究实验	5519	0.74%

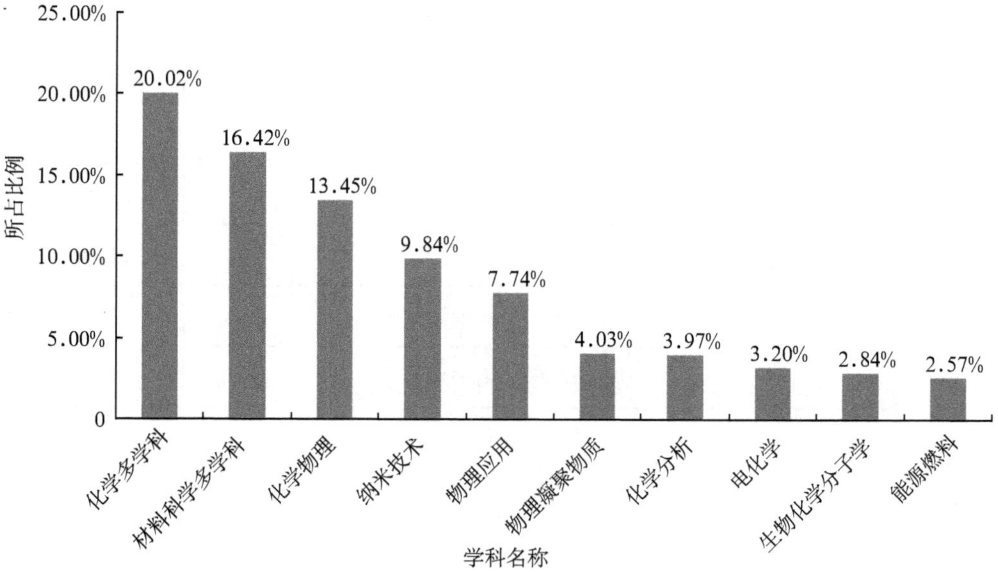

图 6-3　2011—2015 年 SCI 核心期刊数据库收录吉林省科技论文被引次数按学科占比情况（前 10 位）

2011—2015 年，吉林省 SCI 论文中被引次数排在前 3 位的研究方向分别是化学、材料科学和科学技术等其他主题。被引次数占比不足 0.1% 的研究方向分别为牙医口腔外科医学、发展生物学、人类学、解剖形态、古生物、老年病学、风湿病、施工技术、生物多样性保护、教育研究、耳鼻喉科、康复医学。

表 6-3 为 2011—2015 年 SCI 核心期刊数据库收录吉林省科技论文被引次数按研究方向分布情况（前 18 位）。图 6-4 为 2011—2015 年 SCI 核心期刊数据库收录吉林省科技论文被引次数排名前 10 位的研究方向，分别为化学、材料科学、科学技术等其他主题、物理学、工程、肿瘤学、生物化学分子学、生态环境科学、高分子科学、电化学。

表 6-3　2011—2015 年 SCI 核心期刊数据库收录吉林省科技论文被引次数按研究方向分布情况（前 18 位）

序号	研究方向（英文）	研究方向（中文）	被引次数 / 次	占比
1	Chemistry	化学	280 321	32.76%
2	Materials Science	材料科学	138 697	16.21%
3	Science Technology other Topics	科学技术等其他主题	93 577	10.93%
4	Physics	物理学	79 701	9.31%
5	Engineering	工程	33 243	3.88%
6	Oncology	肿瘤学	23 955	2.80%
7	Biochemistry Molecular Biology	生物化学分子学	19 787	2.31%
8	Environmental Sciences Ecology	生态环境科学	19 217	2.25%

续表

序号	研究方向（英文）	研究方向（中文）	被引次数 / 次	占比
9	Polymer Science	高分子科学	18 985	2.22%
10	Electrochemistry	电化学	12 823	1.50%
11	Optics	光学	11 715	1.37%
12	Pharmacology Pharmacy	药理学及药剂学	11 140	1.30%
13	Crystallography	结晶学 / 晶体学	11 032	1.29%
14	Research Experimental Medicine	医学研究和实验	7753	0.91%
15	Mathematics	数学	5998	0.70%
16	Neurosciences Neurology	神经科学	5942	0.69%
17	Energy Fuels	能量及燃料	5519	0.64%
18	Biotechnology Applied Microbiology	生物技术与应用微生物学	4083	0.48%

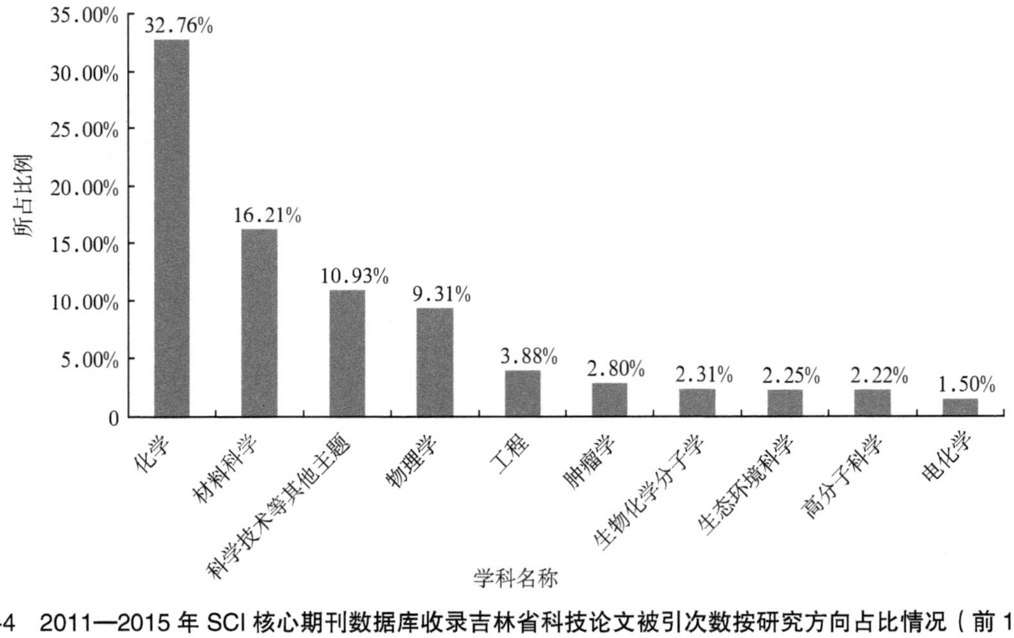

图 6-4　2011—2015 年 SCI 核心期刊数据库收录吉林省科技论文被引次数按研究方向占比情况（前 10 位）

2011—2015 年，SCI 核心期刊数据库收录吉林省科技论文产出机构中被引次数排在前 10 位的为吉林大学、中国科学院、中国科学院长春应用化学研究所、中国科学院大学、东北师范大学、中国科学院长春光学精密机械与物理研究所、长春理工大学、吉林农业大学、吉林师范大学、中国科学院东北地理与农业生态研究所，如表 6-4、图 6-5 所示。可以看出，吉林省内高校类机构中，2011—2015 年 SCI 核心期刊数据库收录的吉林大学和东北师范大学论文的被引次数远高于其他高校，吉林大学论文被引次数达到 280 321 次，占总数的 32.76%；东北师范大学论文被引次数达 59 893 次，占被引总数的 7.00%。这两所学校共占被引总数的 39.76%，可见，吉林大学和东北师范大学论文的影响比较大。在科研单位类机构中，2011—2015 年 SCI 核心期刊数据库收录的中国科学院和中国科学院长春应用化学研究所论文的被引次数分别为 204 506 次和 160 545 次，两家机构共占被引总数的 42.66%。

表 6-4　2011—2015 年 SCI 核心期刊数据库收录吉林省科技论文被引次数按机构分布情况（前 10 位）

序号	机构名称（英文）	机构名称（中文）	被引次数／次	占比
1	JILIN UNIVERSITY	吉林大学	280 321	32.76%
2	CHINESE ACADEMY OF SCIENCES	中国科学院	204 506	23.90%
3	CHANGCHUN INSTITUTE OF APPLIED CHEMISTRY，CAS	中国科学院长春应用化学研究所	160 545	18.76%
4	UNIVERSITY OF CHINESE ACADEMY OF SCIENCES，CAS	中国科学院大学	89 480	10.46%
5	NORTHEAST NORMAL UNIVERSITY CHINA	东北师范大学	59 893	7.00%
6	CHANGCHUN INSTITUTE OF OPTICS FINE，MECHANICS PHYSICS，CAS	中国科学院长春光学精密机械与物理研究所	19 474	2.28%
7	CHANGCHUN UNIVERSITY OF SCIENCE AND TECHNOLOGY	长春理工大学	12 125	1.43%
8	JILIN AGRICULTURAL UNIVERSITY	吉林农业大学	8707	1.02%
9	JILIN NORMAL UNIVERSITY	吉林师范大学	5742	0.67%
10	NORTHEAST INSTITUTE OF GEOGRAPHY AND AGROECOLOGY，CAS	中国科学院东北地理与农业生态研究所	5642	0.66%

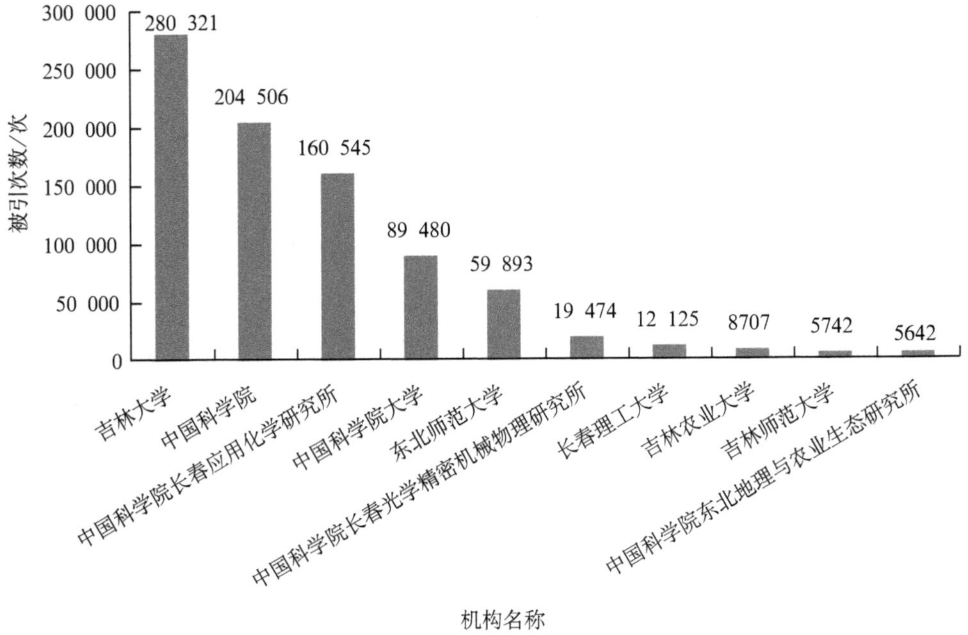

图 6-5　2011—2015 年 SCI 核心期刊数据库收录吉林省科技论文被引次数按机构分布情况（前 10 位）

6.2　国内论文被引用情况

据中国引文数据库统计，其核心期刊数据库中，2011—2015 年吉林省核心期刊论文总数为 55 735 篇。截至 2017 年 12 月底，"十二五"期间吉林省学者所发表的核心期刊论文总被引次数为 390 370 次，详见表 6–5、图 6–6。

吉林省科技论文被引次数最多的学科为地质学，所占比例为 8.67%，其次为计算机软件及计算机应用、宏观经济管理与可持续发展、环境科学与资源利用、中药学、农作物、电力工业，所占比例分别为 6.84%、6.72%、6.39%、6.38%、6.16%、6.11%。其他学科所占比例都在 6% 以下。逻辑学、经济统计、社会科学理论与方法的论文引用次数最少，所占比例不足 0.02%，详见表 6–6、图 6–7。

表 6–5　2011—2015 年吉林省核心期刊论文被引次数情况

年份	核心期刊论文数 / 篇	占比	被引次数 / 次
2011 年	13 172	23.63%	113 319
2012 年	11 484	20.60%	91 618
2013 年	10 926	19.60%	76 943
2014 年	10 955	19.66%	65 418
2015 年	9198	16.50%	43 072

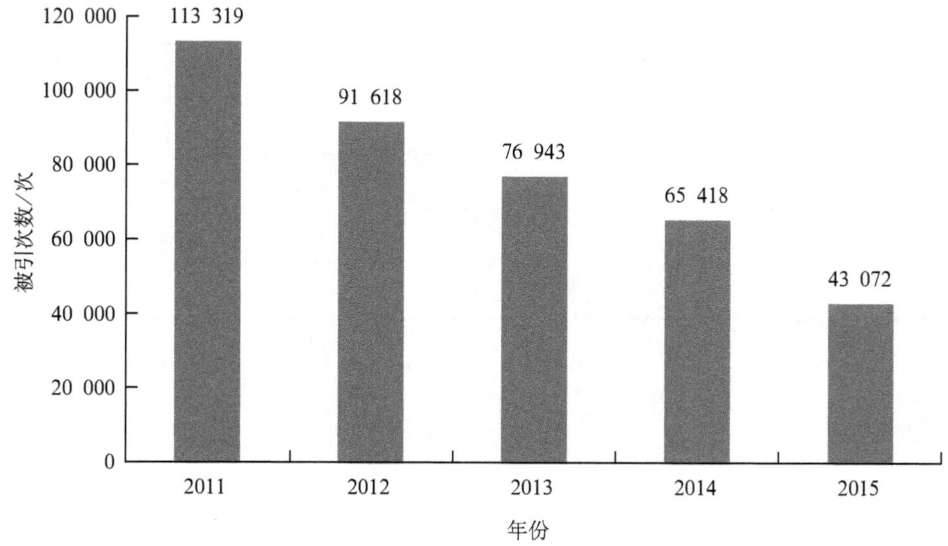

图 6-6 2011—2015 年吉林省核心期刊论文被引次数趋势

表 6-6 2011—2015 年吉林省科技论文被核心期刊引用次数按学科分布情况（前 20 位）

学科	被引次数／次	占比	排名
地质学	7085	8.67%	1
计算机软件及计算机应用	5589	6.84%	2
宏观经济管理与可持续发展	5488	6.72%	3
环境科学与资源利用	5221	6.39%	4
中药学	5218	6.38%	5
农作物	5035	6.16%	6
电力工业	4993	6.11%	7
畜牧与动物医学	4394	5.38%	8
自动化技术	4353	5.33%	9
无线电电子学	4059	4.97%	10
生物学	3550	4.34%	11
物理学	3328	4.07%	12
化学	3245	3.97%	13
农业基础科学	3221	3.94%	14
有机化工	2942	3.60%	15
轻工业手工业	2937	3.59%	16

续表

学科	被引次数／次	占比	排名
高等教育	2868	3.51%	17
矿业工程	2815	3.44%	18
仪器仪表工业	2708	3.31%	19
汽车工业	2678	3.28%	20

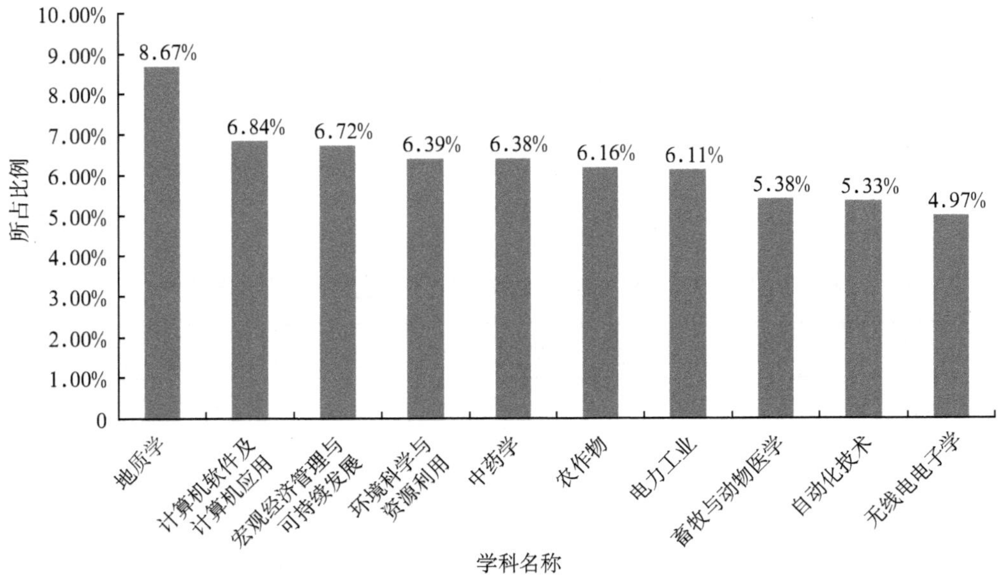

图 6-7　2011—2015 年吉林省科技论文被核心期刊引用次数按学科分布情况（前 10 位）

截至 2017 年 12 月底，吉林省科技论文被核心期刊引用次数排名前 10 位的高校依次是吉林大学、东北师范大学、吉林农业大学、东北电力大学、长春理工大学、延边大学、长春工业大学、吉林师范大学、北华大学和长春中医药大学。排在第 1 位的吉林大学论文被引次数为 45 508 次，占被引总数的 46.46%；排在第 2 位的东北师范大学论文被引次数为 12 236 次，占被引总数的 12.49%。这两所学校一共占被引总数的 58.95%。可见，吉林大学和东北师范大学论文的影响比较大，尤其是吉林大学，由原吉林大学、吉林工业大学、白求恩医科大学、长春科技大学、长春邮电学院及中国人民解放军军需大学合并组建而成，培养了大批优秀的高素质人才，取得了许多重大的高水平科研成果，是国家基础科学研究和高层次人才培养的重要基地。同时，吉林农业大学、东北电力大学、长春理工大学等其他高校的论文被引次数也较“十一五”期间有大幅上升。可见，各高校的论文影响力逐步加大，详见表 6-7、图 6-8。

表 6-7　2011—2015 年吉林省科技论文被核心期刊引用次数按高校分布情况（前 20 位）

高校名称	被引次数／次	占比	排名
吉林大学	45 508	46.46%	1
东北师范大学	12 236	12.49%	2
吉林农业大学	10 364	10.58%	3
东北电力大学	5360	5.47%	4
长春理工大学	4682	4.78%	5
延边大学	3354	3.42%	6
长春工业大学	2224	2.27%	7
吉林师范大学	1751	1.79%	8
北华大学	1672	1.71%	9
长春中医药大学	1464	1.49%	10
空军航空大学	1247	1.27%	11
吉林农业科技学院	1138	1.16%	12
吉林化工学院	1096	1.12%	13
吉林财经大学	1083	1.11%	14
吉林医药学院	1060	1.08%	15
长春大学	900	0.92%	16
长春师范学院	893	0.91%	17
长春工程学院	686	0.70%	18
吉林建筑工程学院	633	0.65%	19
通化师范学院	601	0.61%	20

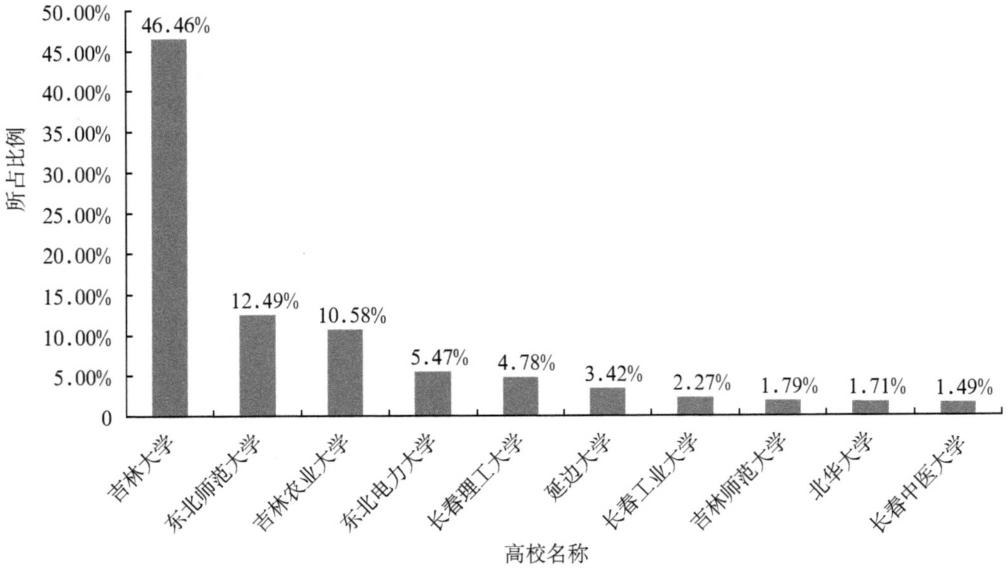

图 6-8　2011—2015 年吉林省科技论文被核心期刊引用次数按高校分布情况（前 10 位）

截至 2017 年 12 月底，吉林省科研机构论文被核心期刊引用总次数为 25 065 次，被引次数前 8 位的科研机构依次是中国科学院长春光学精密机械与物理研究所、中国科学院研究生院、中国科学院东北地理与农业生态研究所、中国科学院长春应用化学研究所、中国农业科学院特产研究所、吉林省农业科学院、吉林省气象科学研究所、吉林省中医药科学院。排在第 1 位的中国科学院长春光学精密机械与物理研究所被引次数为 11 645 次，占科研机构被引总数的 46.46%；排在第 2 位和第 3 位的是中国科学院研究生院和中国科学院东北地理与农业生态研究所，论文被引次数分别为 4799 次和 4198 次，占被引总数的 19.15% 和 16.75%。这 3 所科研院所一共占了被引总数的 82.35%。可见，中国科学院长春光学精密机械与物理研究所、中国科学院研究生院和中国科学院东北地理与农业生态研究所的论文影响力比较大，详见表 6–8、图 6–9。

表 6–8　2011—2015 年吉林省科技论文被核心期刊引用次数按科研机构分布情况（前 8 位）

机构名称	被引次数 / 次	占比	排名
中国科学院长春光学精密机械与物理研究所	11 645	46.46%	1
中国科学院研究生院	4799	19.15%	2
中国科学院东北地理与农业生态研究所	4198	16.75%	3
中国科学院长春应用化学研究所	1344	5.36%	4
中国农业科学院特产研究所	1139	4.64%	5
吉林省农业科学院	863	3.44%	6
吉林省气象科学研究所	321	1.28%	7
吉林省中医药科学院	267	1.07%	8

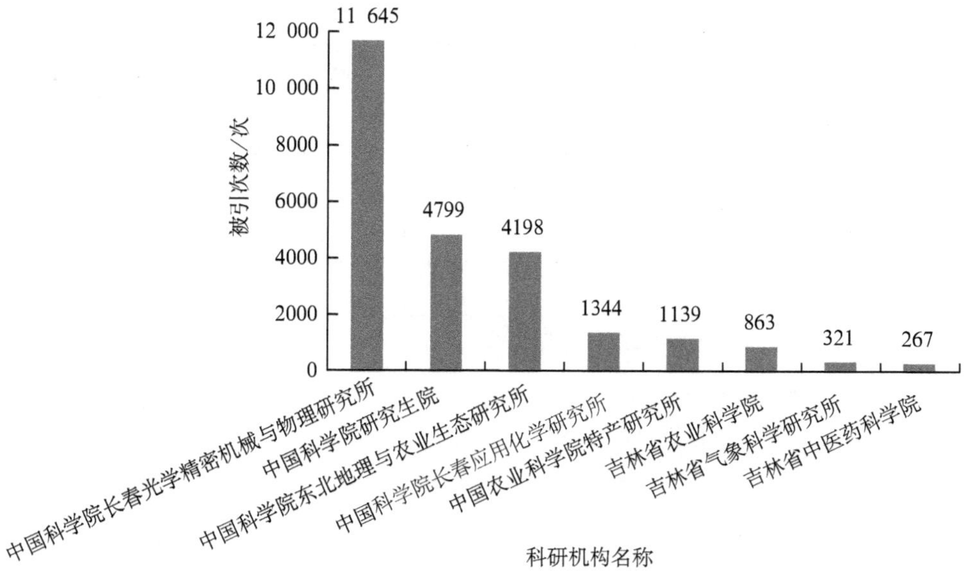

图 6-9 2011—2015 年吉林省科技论文被核心期刊引用次数按科研机构分布情况（前 8 位）

6.3 吉林省国内被引用论文基金情况

2011—2015 年，吉林省国内被引用论文的基金来源分布情况见表 6-9。图 6-10 显示的是吉林省国内被引用论文的基金来源分布情况（前 10 位）。可以看到，被引次数最多的基金项目是国家自然科学基金，总被引次数为 31 766 次，占总份额的 36.75%。其次是吉林省科技发展计划基金资助项目，被引次数为 10 387 次，占比为 12.02%。这两项基金资助共占了总份额的近一半。再次是国家高技术研究发展计划（863 计划）、国家社会科学基金和国家重点基础研究发展计划（973 计划），被引次数分别为 7635 次、6012 次和 5162 次，分别占总份额的 8.83%、6.96% 和 5.97%。

表 6-9 2011—2015 年吉林省国内被引用论文的基金来源分布情况

基金来源	被引用数 / 次	占比	排名
国家自然科学基金	31 766	36.75%	1
吉林省科技发展计划	10 387	12.02%	2
国家高技术研究发展计划（863 计划）	7635	8.83%	3
国家社会科学基金	6012	6.96%	4
国家重点基础研究发展计划（973 计划）	5162	5.97%	5
国家科技支撑计划	4756	5.50%	6

续表

基金来源	被引用数／次	占比	排名
高等学校博士学科点专项科研基金	2440	2.82%	7
吉林省自然科学基金	2237	2.59%	8
中国科学院知识创新工程基金	2127	2.46%	9
吉林省教育厅科研基金	1685	1.95%	10
中国地质调查局地质调查项目	1398	1.62%	11
中国博士后科学基金	1366	1.58%	12
跨世纪优秀人才培养计划	1070	1.24%	13
吉林大学创新基金	807	0.93%	14
吉林省重大科技攻关项目	649	0.75%	15
全国教育科学规划课题	608	0.70%	16
长江学者奖励计划	519	0.60%	17
国家科技攻关计划	382	0.44%	18
吉林省软科学研究项目	369	0.43%	19
国际科技合作重点项目计划	330	0.38%	20
黑龙江省自然科学基金	313	0.36%	21
教育部留学回国人员科研启动基金	268	0.31%	22
农业科技成果转化资金	267	0.31%	23
教育部科学技术研究项目	241	0.28%	24
国家留学基金	238	0.28%	25
吉林省杰出青年基金	203	0.23%	26
江苏省自然科学基金	194	0.22%	27
山东省自然科学基金	184	0.21%	28
农业部引进国际先进农业科学技术计划	162	0.19%	29
武器装备预研基金	156	0.18%	30
国家星火计划	150	0.17%	31
辽宁省科学技术基金	137	0.16%	32
黑龙江省重大科技攻关计划	131	0.15%	33
浙江省自然科学基金	126	0.15%	34
中科院创新基金	124	0.14%	35

续表

基金来源	被引用数／次	占比	排名
中国科学院“百人计划”	122	0.14%	36
国家软科学研究计划项目	117	0.14%	37
辽宁省高等学校基本科研项目	109	0.13%	38
江苏省普通高校自然科学研究项目	101	0.12%	39
国家科技基础性工作专项“十二五”专项规划	99	0.11%	40
黑龙江省杰出青年科学基金	93	0.11%	41
科技型中小企业技术创新基金	92	0.11%	42
吉林大学青年教师基金	88	0.10%	43
北京市科技计划项目	80	0.09%	44
北京市自然科学基金	77	0.09%	45
河北省自然科学基金	76	0.09%	46
广东省自然科学基金	74	0.09%	47
福建省自然科学基金	68	0.08%	48
水利部引进国际先进农业科学技术计划	67	0.08%	49
中国科学院“西部之光”人才培养引进计划	67	0.08%	50
内蒙古自治区自然科学基金	63	0.07%	51
西部交通建设科技项目	61	0.07%	52
国家重点实验室建设计划	55	0.06%	53
住房和城乡建设部科学技术计划项目	55	0.06%	54
欧盟 Erasmvs+ 项目	50	0.06%	55
大陆动力学国家重点实验室开放课题基金	49	0.06%	56
上海科技发展基金会	49	0.06%	57
黑龙江省博士后科研启动金资助项目	47	0.05%	58
霍英东教育基金会高等院校青年教师基金	41	0.05%	59

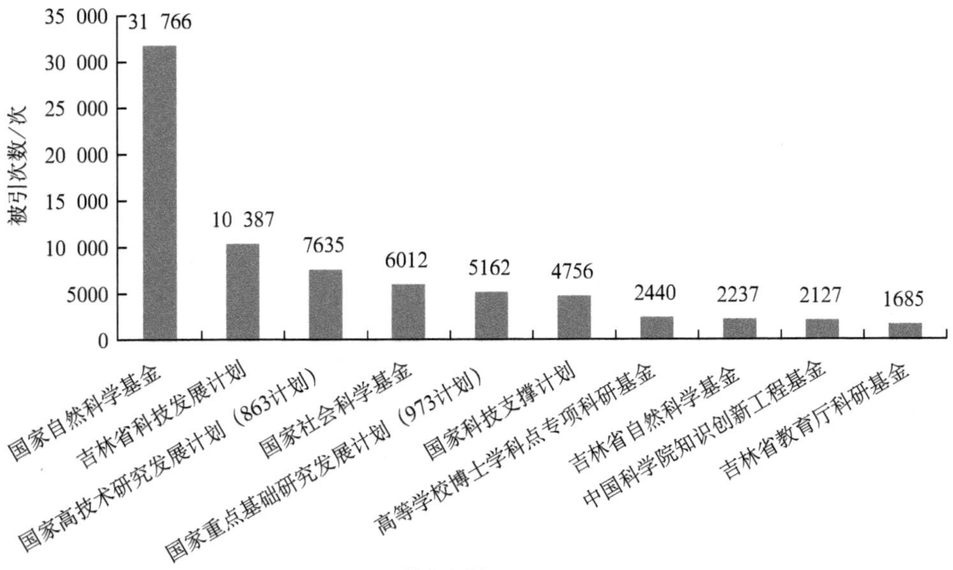

图 6-10　2011—2015 年吉林省国内被引用论文的基金来源分布情况（前 10 位）

（作者：董斌）

第七章

基金资助产出论文情况与科技投入

本章分析了吉林省“十二五”期间各类科学基金资助产出论文的情况，主要包括科学引文索引（SCI）、工程索引（Ei）、科技会议录索引（CPCI）数据库收录的吉林省“十二五”期间基金资助科技论文情况、吉林省基金资助论文的学科分布情况、科研机构基金资助产出论文情况及基金资助来源情况分析等。国内文献数据来自中国知网学术文献总库，国际文献数据来自 Web of Science 数据库、Ei Compendex 数据库及 CPCI 数据库等。

7.1 SCI 数据库收录吉林省基金资助科技论文情况

“十二五”期间，SCI 数据库收录吉林省基金资助科技论文最多的是由国家自然科学基金资助的，总共 20 583 篇，占论文总数的 56.84%（表 7–1）。

表 7–1 2011—2015 年 SCI 数据库收录吉林省基金资助科技论文情况（论文数≥ 100 篇）

序号	基金名称（英文）	基金名称（中文）	发文量／篇	占比
1	National Natural Science Foundation of China	国家自然科学基金	20583	56.84%
2	National Basic Research Program of China（973 Program）	国家重点基础研究发展计划（973 计划）	3805	10.51%
3	Fundamental Research Funds for the Central Universities	中央高校基本科研业务费专项资金	1384	3.84%
4	Postdoctoral Science Foundation of China	中国博士后科学基金	1152	3.20%
5	Specialized Research Fund for The Doctoral Program of Higher Education of China	高等学校博士学科点专项科研基金	1094	3.04%
6	Natural Science Foundation of Jilin Province	吉林省自然科学基金	883	2.45%
7	Science and Technology Development Planning of Jilin Province	吉林省科学和技术发展规划	857	2.38%
8	Chinese Academy of Sciences	中国科学院	825	2.29%
9	Jilin University	吉林大学	762	2.12%
10	Program for New Century Excellent Talents in University	教育部新世纪优秀人才支持计划	617	1.71%
11	Ministry of Science and Technology of China	科技部	501	1.39%
12	Program for Chang Jiang Scholars and Innovative Research Team in University	教育部长江学者和创新团队发展计划	501	1.39%
13	National High Technology Research and Development Program of China（863 Program）	国家高技术研究发展计划（863 计划）	450	1.25%

续表

序号	基金名称（英文）	基金名称（中文）	发文量／篇	占比
14	Ministry of Education of China	教育部	440	1.22%
15	Science and Technology Department of Jilin Province	吉林省科学技术厅	358	0.99%
16	Graduate Innovation Fund of Jilin University	吉林大学研究生创新基金	346	0.96%
17	National Health and Family Planning Commission	国家卫生和计划生育委员会	305	0.85%
18	Supported bytheProgramme of Introducing Talents of Discipline to Universities（111 Project）	高等学校学科创新引智计划（111 计划）	301	0.84%
19	China Scholarship Council	国家留学基金	270	0.75%
20	National Natural Science Foundation for Creative Research Group	国家自然科学基金创新研究群体项目	144	0.40%
21	National Key Basic Research Program of China	国家重点基础研究项目	141	0.39%
22	Scientific Research Foundation for the Returned Overseas Chinese Scholars State Education Ministry	教育部留学回国人员科研启动基金	136	0.38%
23	Analysis and Testing Foundation of Northeast Normal University	东北师范大学分析测试基金	135	0.38%
24	Natural Science Foundation of Jiangsu Province	江苏省自然科学基金	112	0.31%
25	National Found for Fostering Talents of Basic Science	国家基础科学人才培养基金	110	0.31%

7.2 Ei 数据库收录吉林省基金资助科技论文情况

“十二五”期间，Ei 数据库收录吉林省基金资助科技论文最多的是由国家自然科学基金资助的，总共 4210 篇，占论文总数的 45.74%（表 7–2）。

表 7–2 2011—2015 年 Ei 数据库收录吉林省基金资助科技论文情况（前 20 位）

序号	基金名称	发文量／篇	占比
1	国家自然科学基金	4210	45.74%
2	国家高技术研究发展计划（863 计划）	1239	13.46%
3	吉林省科技发展计划	1145	12.44%
4	国家重点基础研究发展计划（973 计划）	485	5.27%

续表

序号	基金名称	发文量／篇	占比
5	高等学校博士学科点专项科研基金	421	4.57%
6	吉林省自然科学基金	245	2.66%
7	国家科技支撑计划	241	2.62%
8	中国博士后科学基金	232	2.52%
9	中国科学院知识创新工程基金	157	1.71%
10	中国地质调查局地质调查项目	143	1.55%
11	吉林大学创新基金	127	1.38%
12	跨世纪优秀人才培养计划	101	1.10%
13	吉林省科技攻关计划	95	1.03%
14	长江学者奖励计划	89	0.97%
15	吉林省教育厅科学技术研究项目基金	76	0.83%
16	国际科技合作重点项目计划	48	0.52%
17	江苏省自然科学基金	48	0.52%
18	国家科技攻关计划	35	0.38%
19	武器装备预研基金	34	0.37%
20	浙江省自然科学基金	34	0.37%

7.3　吉林省基金资助论文的学科、地区与机构分布概况

7.3.1　吉林省基金资助论文的学科分布情况

“十二五”期间吉林省基金资助产出的论文总数为 9514 篇。基金资助最多的 10 个学科为畜牧与动物医学、中药学、农作物、肿瘤学、生物学、化学、计算机软件及计算机应用、自动化技术、轻工业手工业、环境科学与资源利用等（图 7–1，表 7–3），这些是吉林省基金重点资助的部分领域。其中，畜牧与动物医学占的比例最大，表明吉林省近年来加大了对畜牧与动物医学研究的投资力度，反映出吉林省对畜牧与动物医学研究领域的重视，也揭示了该领域的科研探索与创新发展呈现良好势头。总体来说，随着吉林省科技事业的发展，各学科的科技论文数量有较大提高，基金论文的数量平稳增长，基金论文在所有论文中所占比重也在不断增长；基金资助在吉林省科技事业发展中的作用越来越大。

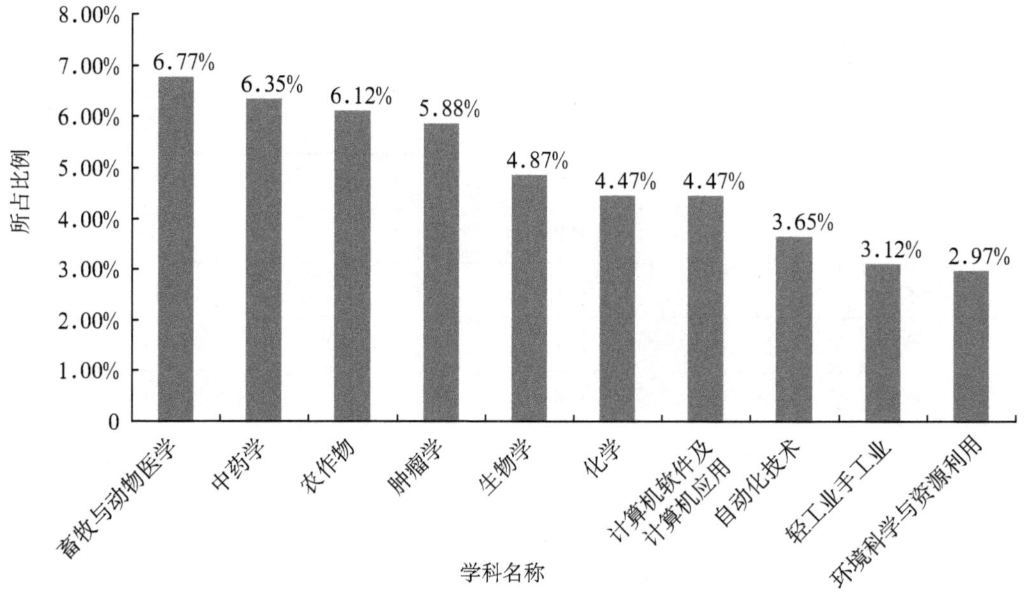

图 7-1 2011—2015 年吉林省基金资助论文的学科分布情况（前 10 位）

表 7-3 2011—2015 年吉林省基金资助论文的学科分布情况

学科	基金论文数 / 篇	占吉林省全部基金论文的比例
畜牧与动物医学	644	6.77%
中药学	604	6.35%
农作物	582	6.12%
肿瘤学	559	5.88%
生物学	463	4.87%
化学	426	4.47%
计算机软件及计算机应用	425	4.47%
自动化技术	347	3.65%
轻工业手工业	297	3.12%
环境科学与资源利用	283	2.97%
有机化工	263	2.76%
园艺	243	2.55%
宏观经济管理与可持续发展	234	2.46%
基础医学	226	2.38%
汽车工业	222	2.38%
数学	213	2.24%

续表

学科	基金论文数/篇	占吉林省全部基金论文的比例
农业经济	209	2.20%
农业基础科学	208	2.19%
无线电电子学	188	1.98%
神经病学	179	1.88%
植物保护	171	1.80%
金属学及金属工艺	158	1.66%
物理学	157	1.65%
地质学	157	1.65%
电力工业	151	1.59%
电信技术	150	1.58%
企业经济	147	1.55%
外科学	146	1.53%
农艺学	146	1.53%
心血管系统疾病	146	1.53%
建筑科学与工程	139	1.46%
口腔科学	139	1.46%
临床医学	139	1.46%
材料科学	126	1.32%
内分泌腺及全身性疾病	114	1.20%
妇产科学	113	1.19%
经济体制改革	109	1.15%
无机化工	103	1.08%
农业工程	98	1.03%
一般化学工业	90	0.95%
总计	9514	100.00%

7.3.2 吉林省基金资助论文的地区分布情况

各地区申请下拨的基金资助的数量，可以从一个侧面反映出该地区的科研实力和水平，各地区的项目数量、资助力度都呈现不均衡分布。“十二五”期间吉林省基金资助产出论文最多的地区是长春市，总共 6341 篇，占比为 77.36%，这表明长春市的基金资助强度较大；其次为吉林市和延边朝鲜族自治州（图 7-2、表 7-4）。

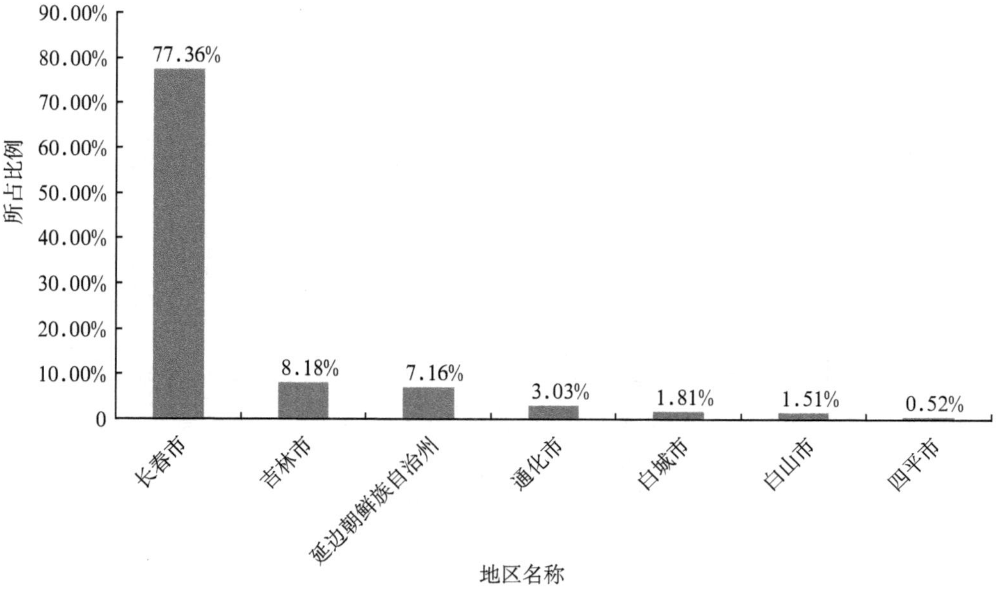

图 7-2　2011—2015 年吉林省基金资助论文的地区分布情况（前 7 位）

表 7-4　2011—2015 年吉林省基金资助论文的地区分布情况

排名	地区	基金论文数 / 篇	占吉林省基金论文总数的比例
1	长春市	6341	77.36%
2	吉林市	670	8.18%
3	延边朝鲜族自治州	587	7.16%
4	通化市	248	3.03%
5	白城市	148	1.81%
6	白山市	124	1.51%
7	四平市	43	0.52%
8	松原市	18	0.22%
9	辽源市	15	0.18%

7.3.3　吉林省基金资助论文的机构分布情况

“十二五”期间吉林省高等学校与科研院所中基金资助产出论文数量最多的为吉林大学，为

3725 篇，占吉林省基金资助产出论文总数的 33.42%。其次是吉林农业大学和吉林大学第一医院（图 7–3、表 7–5）。

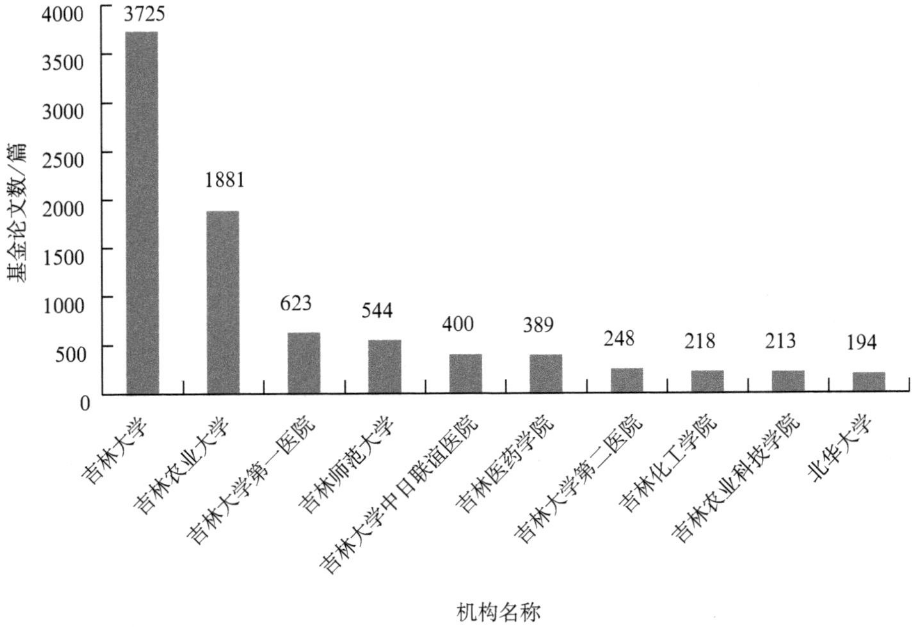

图 7–3　2011—2015 年吉林省基金资助论文的机构分布情况（前 10 位）

表 7–5　2011—2015 年吉林省基金资助论文的机构分布情况

排名	机构名称	基金论文数 / 篇	占吉林省基金论文总数的比例
1	吉林大学	3725	33.42%
2	吉林农业大学	1881	16.88%
3	吉林大学第一医院	623	5.59%
4	吉林师范大学	544	4.88%
5	吉林大学中日联谊医院	400	3.59%
6	吉林医药学院	389	3.49%
7	吉林大学第二医院	248	2.23%
8	吉林化工学院	218	1.96%
9	吉林农业科技学院	213	1.91%
10	北华大学	194	1.74%
11	吉林财经大学	184	1.65%
12	东北师范大学	169	1.52%

续表

排名	机构名称	基金论文数 / 篇	占吉林省基金论文总数的比例
13	长春理工大学	152	1.36%
14	吉林省人民医院	150	1.35%
15	吉林省农业科学院	136	1.22%
16	吉林大学口腔医院	136	1.22%
17	长春工业大学	132	1.18%
18	吉林建筑大学	131	1.18%
19	长春工程学院	111	1.00%
20	长春中医药大学	109	0.98%
21	吉林工商学院	102	0.92%
22	东北电力大学	102	0.92%
23	长春大学	102	0.92%
24	中国农业科学院特产研究所	97	0.87%
25	吉林建筑工程学院	74	0.66%
26	长春师范大学	71	0.64%
27	吉林省中医药科学院	70	0.63%
28	延边大学	69	0.62%
29	吉林省肿瘤医院	68	0.61%
30	中国科学院长春光学精密机械与物理研究所	60	0.54%
30	军事医学科学院军事兽医研究所	60	0.54%
32	中国科学院长春应用化学研究所	59	0.53%
33	吉林省林业科学研究院	56	0.50%
34	吉林省农业机械研究院	49	0.44%
34	吉林省畜牧兽医科学研究院	49	0.44%
36	吉林医药学院附属医院	45	0.40%
37	中国人民解放军空军航空大学	43	0.39%
37	吉林大学第四医院	43	0.39%
39	吉林工程技术师范学院	41	0.37%
40	通化师范学院	40	0.36%

7.4 吉林省科学基金资助的来源类型分析

在国家科学创新环境下，“十二五”期间吉林省基金资助产出论文数最多的基金来源为吉林省科技发展计划项目，论文总数为6402篇，占论文总数的46%，其次是国家自然科学基金和吉林省自然科学基金（图7–4、表7–6）。

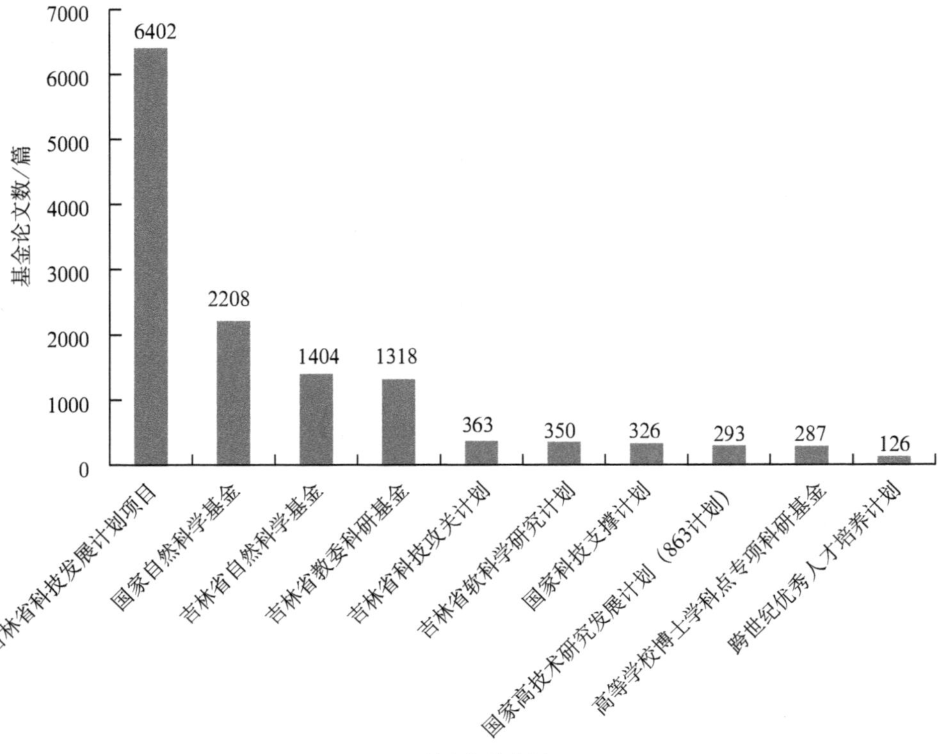

图7–4　2011—2015年吉林省产出论文较多的基金资助来源（前10位）

表7–6　2011—2015年吉林省产出论文较多的基金资助来源

基金名称	基金论文数／篇	占吉林省基金论文总数的比例
吉林省科技发展计划项目	6402	45.99%
国家自然科学基金	2208	15.86%
吉林省自然科学基金	1404	10.09%
吉林省教委科研基金	1318	9.47%
吉林省科技攻关计划	363	2.61%
吉林省软科学研究计划	350	2.51%
国家科技支撑计划	326	2.34%

续表

基金名称	基金论文数 / 篇	占吉林省基金论文总数的比例
国家高技术研究发展计划（863 计划）	293	2.10%
高等学校博士学科点专项科研基金	287	2.06%
跨世纪优秀人才培养计划	126	0.91%
中国博士后科学基金	125	0.90%
国家重点基础研究发展计划（973 计划）	115	0.83%
吉林省杰出青年基金	109	0.78%
国家社会科学基金	98	0.70%
吉林大学创新基金	69	0.50%
农业科技成果转化资金	34	0.24%
长江学者奖励计划	27	0.19%
中国地质调查局地质调查项目	26	0.19%
教育部留学回国人员科研启动基金	26	0.19%
国家科技攻关计划	20	0.14%
农业部引进国际先进农业科学技术计划（948 计划）	19	0.14%
国家留学基金	18	0.13%
浙江省自然科学基金	17	0.12%
欧盟 Erasmus+ 项目	17	0.12%
国家星火计划	15	0.11%
住房和城乡建设部科学技术计划项目	14	0.10%
教育部科学技术研究项目	13	0.09%
水利部引进国际先进农业科学技术计划（948 项目）	11	0.08%
国际科技合作重点项目计划	10	0.07%

（作者：周立娟）

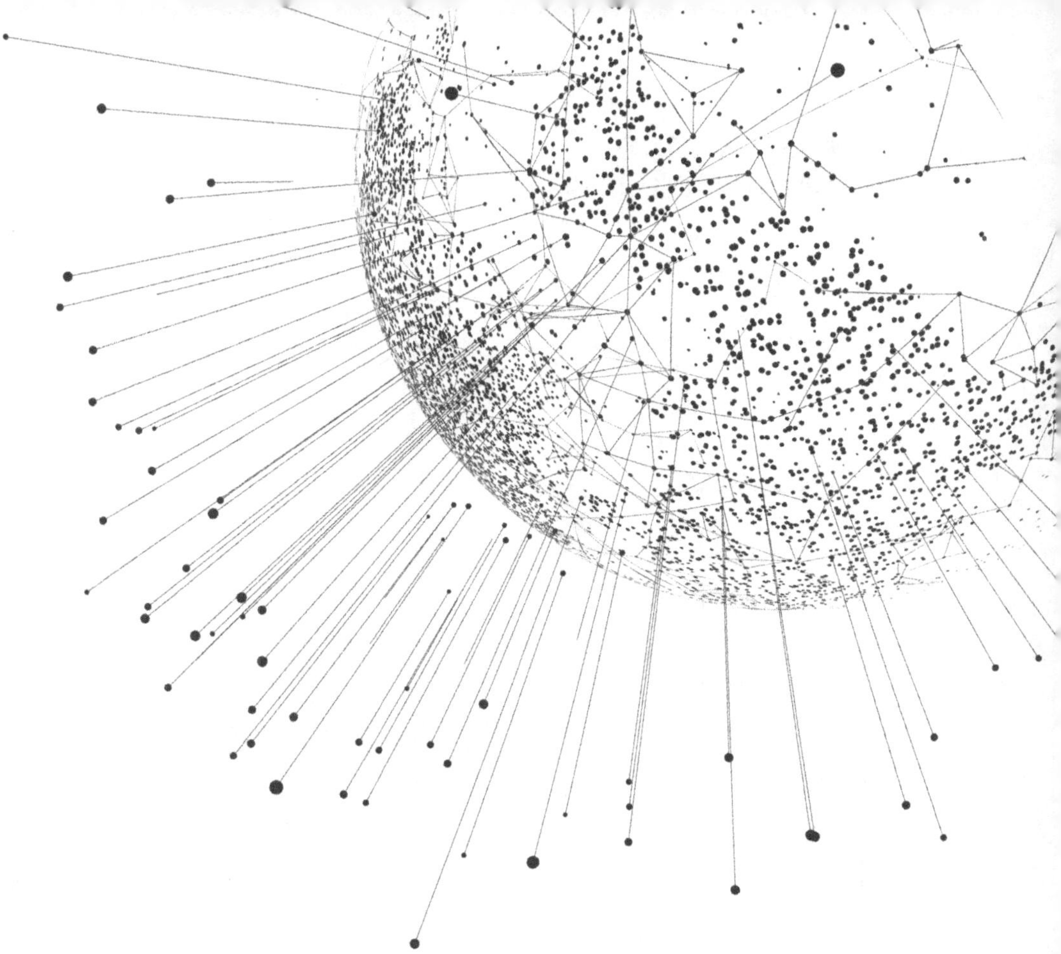

第八章
高端论文产出情况

本章中涉及的高端论文主要是指“十二五”期间吉林省学者发表的国际论文中的高被引论文、四大名刊论文、热点论文，以及发表的国内论文中的高被引论文、热点论文。

8.1 国际论文

8.1.1 高被引论文

本小节涉及的高被引论文，主要是指“十二五”期间吉林省学者在Web of science数据库所发表的SCI论文中，根据对应领域和出版年中的高引用阈值，到2017年12月为止，被引用的次数已足以将其归入其学术领域中最优秀的1%之列的论文。2011—2015年，吉林省学者发表的全部SCI论文中共有429篇，其被引频次总计81 329次，H指数为178，每篇平均引用次数为189.58次，去除自引的他引频次总计为80 770次，施引文献共计58 811篇。

图8–1中所示为2011—2015年吉林省学者发表的高被引论文按年份分布的情况。从图中可以明显看出，在“十二五”初期的2011年，吉林省学者发表的SCI高被引论文数量较少，仅有56篇；2012年，SCI高被引论文数量有所增加，为65篇；而在“十二五”中后期阶段的2013—2015年，SCI高被引论文数量呈现大幅增长，均超过100篇。这个数量级的增长说明在“十二五”期间，由于国家对科技的投入和重视，使得吉林省在科技创新发展、重大攻关计划的实施及重大科技成果的产出方面都取得了一定的成就。

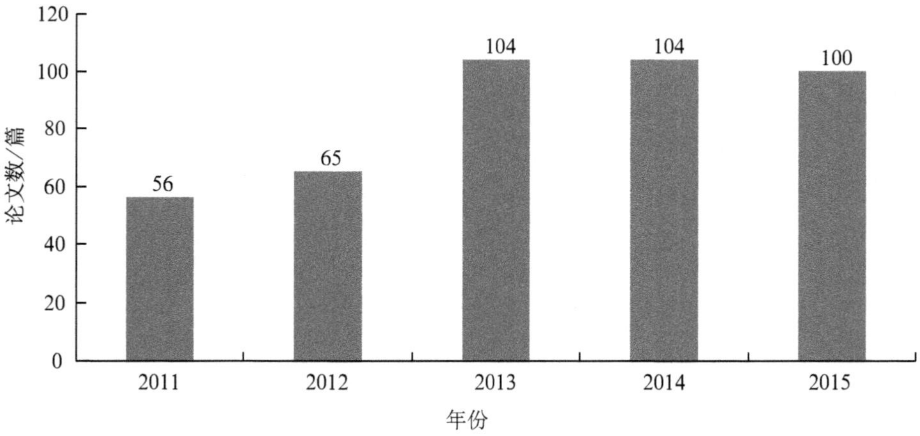

图8–1 2011—2015年吉林省学者发表的高被引论文按年份分布情况

图8–2所示为2011—2018年，吉林省学者发表的高被引论文按年份统计的被引频次分布情况。其中可以看出，“十二五”期间所发表的SCI高被引论文被引频次最多的年份为2017年，总计23 218次。

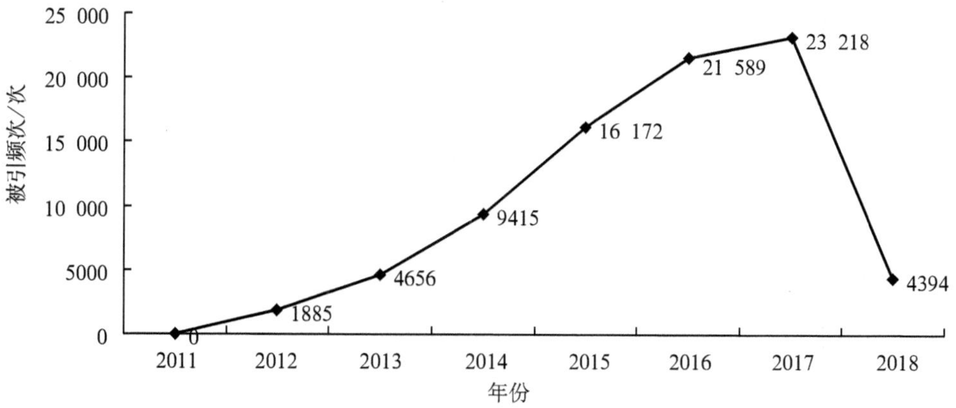

图 8-2　2011—2015 年吉林省学者发表的高被引论文按年份的被引频次分布情况

表 8-1 所示为 2011—2015 年吉林省学者发表的高被引论文按机构分布情况（其中包含合著文章）。从表中可以看出，以中国科学院长春应用化学研究所和吉林大学发表的高被引论文数量最多，所占比例最大；东北师范大学和中国科学院长春光学精密机械与物理研究所的学者也发表了一定数量的高被引论文；长春理工大学、北华大学、长春师范大学、长春工业大学及长春大学也共同占有一定的比例。

表 8-1　2011—2015 年吉林省学者发表的高被引论文按机构分布情况

机构名称	论文数／篇	所占比例
中国科学院长春应用化学研究所	225	45.00%
吉林大学	182	36.40%
东北师范大学	51	10.20%
中国科学院长春光学精密机械与物理研究所	24	4.80%
长春理工大学	7	1.40%
北华大学	3	0.60%
长春师范大学	3	0.60%
长春工业大学	3	0.60%
长春大学	2	0.40%

图 8-3 所示为 2011—2015 年吉林省学者发表的高被引论文按机构分布情况。图中所示说明，高端科研技术、热点研究领域都集中在少数几所长春市知名高校及科研机构中。吉林省其他城市的高校及科研机构中仅有北华大学发表了少量的高被引论文。另外，从图中也可以看出，吉林省“十二五”期间所发表的高被引论文都集中在高校及科研机构，在各类企业机构没有分布。

这说明高校及科研机构对吉林省的科技创新发展起到了关键性的作用。

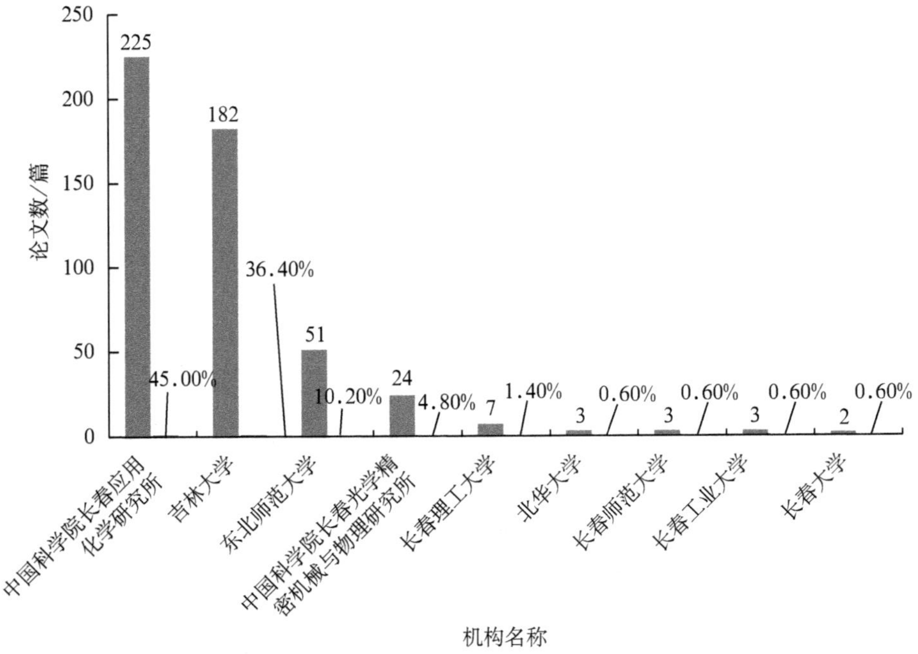

图 8-3　2011—2015 年吉林省学者发表的高被引论文按机构分布情况

表 8-2 所示为 2011—2015 年吉林省学者发表的高被引论文按研究方向分布情况。从表中可以看出，高被引论文主要分布在化学、材料科学、科学技术及其他主题、物理学、工程学、环境科学生态学、数学、能源燃料、药理学药剂学等学科（其中包含合著论文）。

表 8-2　2011—2015 年吉林省学者发表的高被引论文按研究方向分布情况

研究方向	论文数 / 篇	论文数 / 论文总数
化学	288	35.38%
材料科学	141	17.32%
科学技术及其他主题	137	16.83%
物理学	86	10.57%
工程学	37	4.55%
环境科学生态学	16	1.97%
数学	14	1.72%
能源燃料	13	1.60%
药理学药剂学	10	1.23%
肿瘤学	9	1.11%

续表

研究方向	论文数 / 篇	论文数 / 论文总数
电化学	6	0.74%
食品科学	6	0.74%
地质学	6	0.74%
光学	6	0.74%
计算机科学	5	0.61%
生物技术应用微生物学	4	0.49%
一般内科医学	4	0.49%
生物化学分子生物学	3	0.37%
生物物理学	3	0.37%
聚合物科学	3	0.37%
研究实验医学	3	0.37%
心血管系统心血管疾病	2	0.25%
内分泌代谢	2	0.25%
免疫学	2	0.25%
传染性疾病	2	0.25%
仪器仪表	2	0.25%
真菌	2	0.25%
营养学	2	0.25%

图 8–4 所示为 2011—2015 年吉林省学者发表的高被引论文按学科类别分布情况。从图中可以看出，当前比较热门的领域，如化学多学科、材料科学多学科、纳米技术、化学物理、物理应用、凝聚态物理学、多学科科学、环境科学、工程化学、新能源燃料等领域都有高被引论文发表。这说明“十二五”期间，学者对当下热门领域的研究及探索比较重视，并且也取得了一些相应的成就。

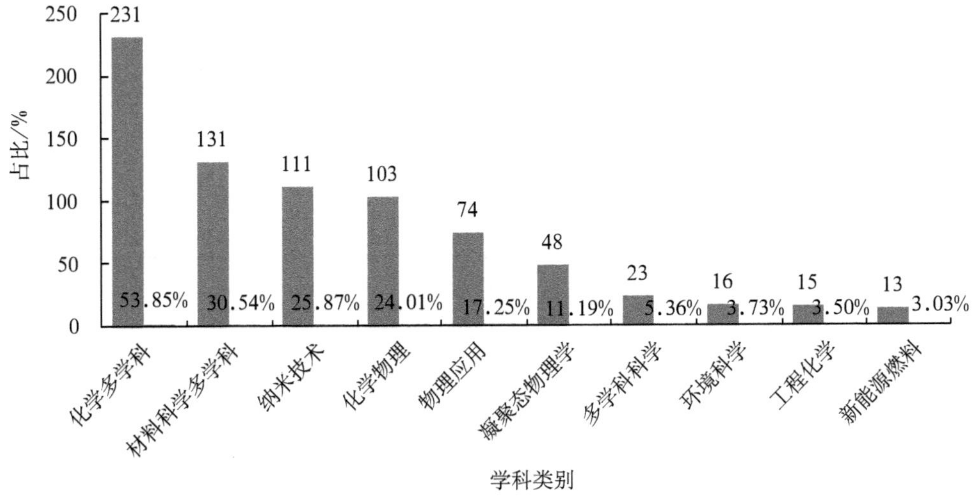

图 8-4　2011—2015 年吉林省学者发表的高被引论文按学科类别分布情况

高被引论文的 H-index 指数（H 指数）为 178。这说明共有 178 篇论文的引用次数为 178 次以上。表 8-3 所示为满足 H 指数为 178 的高被引论文。

表 8-3　吉林省 2011—2015 年满足 H 指数为 178 的高被引论文

序号	论文信息
1	论文题名：Edoxaban Versus Warfarin in Patients with Atrial Fibrillation
	作者：Giugliano Robert P., Ruff Christian T., Braunwald Eugene, et al
	来源期刊：NEW ENGLAND JOURNAL OF MEDICINE，2013，369（22）：2093–2104
	被引频次：1287
2	论文题名：Highly Photoluminescent Carbon Dots for Multicolor Patterning, Sensors, and Bioimaging
	作者：Zhu Shoujun, Meng Qingnan, Wang Lei, et al
	来源期刊：ANGEWANDTE CHEMIE-INTERNATIONAL EDITION，2013，52（14）：3953–3957
	被引频次：906
3	论文题名：Polydopamine and Its Derivative Materials: Synthesis and Promising Applications in Energy, Environmental, and Biomedical Fields
	作者：Liu Yanlan, Ai Kelong, Lu Lehui
	来源期刊：CHEMICAL REVIEWS，2014，114（9）：5057–5115
	被引频次：863
4	论文题名：Graphene Nanosheet: Synthesis, Molecular Engineering, Thin Film, Hybrids, and Energy and Analytical Applications
	作者：Guo Shaojun, Dong Shaojun

续表

序号	论文信息
4	来源期刊：CHEMICAL SOCIETY REVIEWS，2011，40（5）：2644–2672
	被引频次：794
5	论文题名：Ultra-Small Fluorescent Metal Nanoclusters：Synthesis and Biological Applications
	作者：Shang Li，Dong Shaojun，Nienhaus G．Ulrich
	来源期刊：NANO TODAY，2011，6（4）：401–418
	被引频次：735
6	论文题名：Functionalized mesoporous silica materials for controlled drug delivery
	作者：Yang Piaoping，Gai Shili，Lin Jun
	来源期刊：CHEMICAL SOCIETY REVIEWS，（2012，4119）：3679–3698
	被引频次：732
7	论文题名：Self-Supported Nanoporous Cobalt Phosphide Nanowire Arrays：An Efficient 3D Hydrogen-Evolving Cathode over the Wide Range of pH 0–14
	作者：Tian Jingqi，Liu Qian，Asiri Abdullah M．，et al
	来源期刊：JOURNAL OF THE AMERICAN CHEMICAL SOCIETY，2014，136（21）：7587–7590
	被引频次：730
8	论文题名：Noble Metal-Free Hydrogen Evolution Catalysts for Water Splitting
	作者：Zou Xiaoxin，Zhang Yu
	来源期刊：CHEMICAL SOCIETY REVIEWS，2015，44（15）：5148–5180
	被引频次：702
9	论文题名：Strongly Green-Photoluminescent Graphene Quantum Dots for Bioimaging Applications
	作者：Zhu Shoujun，Zhang Junhu，Qiao Chunyan，et al
	来源期刊：CHEMICAL COMMUNICATIONS，2011，47（24）：6858–6860
	被引频次：668
10	论文题名：Afatinib Versus Cisplatin Plus Gemcitabine for First-Line Treatment Of Asian Patients with Advanced Non-Small-Cell Lung Cancer Harbouring EGFR Mutations（LUX-Lung 6）：an open-label，randomised phase 3 trial
	作者：Wu Yi-Long，Zhou Caicun，Hu Cheng-Ping，et al
	来源期刊：LANCET ONCOLOGY，2014，15（2）：213–222
	被引频次：594
11	论文题名：Recent Progress in Rare Earth Micro/Nanocrystals：Soft Chemical Synthesis，Luminescent Properties，and Biomedical Applications

续表

序号	论文信息
11	作者：Gai Shili, Li Chunxia, Yang Piaoping，et al
	来源期刊：CHEMICAL REVIEWS，2014，114（4）：2343–2389
	被引频次：565
12	论文题名：Hydrothermal Treatment of Grass：A Low-Cost，Green Route to Nitrogen-Doped，Carbon-Rich，Photoluminescent Polymer Nanodots as an Effective Fluorescent Sensing Platform for Label-Free Detection of Cu（II）Ions
	作者：Liu Sen，Tian Jingqi，Wang Lei，et al
	来源期刊：ADVANCED MATERIALS，2012，24（15）：2037–2041
	被引频次：565
13	论文题名：Nanomaterials with Enzyme-Like Characteristics（Nanozymes）：Next-Generation Artificial Enzymes
	作者：Wei Hui，Wang Erkang
	来源期刊：CHEMICAL SOCIETY REVIEWS，2013，42（14）：6060–6093
	被引频次：502
14	论文题名：Biodegradable Synthetic Polymers：Preparation，Functionalization and Biomedical Application
	作者：Tian Huayu，Tang Zhaohui，Zhuang Xiuli，et al
	来源期刊：PROGRESS IN POLYMER SCIENCE，2012，37（2）：237–280
	被引频次：498
15	论文题名：Recent Advances in Catalysts for Direct Methanol Fuel Cells
	作者：Zhao Xiao，Yin Min，Ma Liang，et al
	来源期刊：ENERGY & ENVIRONMENTAL SCIENCE，2011，4（8）：2736–2753
	被引频次：481
16	论文题名：Sub-Nanometre Sized Metal Clusters：from Synthetic Challenges to The Unique Property Discoveries
	作者：Lu Yizhong，Chen Wei
	来源期刊：CHEMICAL SOCIETY REVIEWS，2012，41（9）：3594–3623
	被引频次：472
17	论文题名：A Multiresponsive，Shape-Persistent，and Elastic Supramolecular Polymer Network Gel Constructed by Orthogonal Self-Assembly
	作者：Yan Xuzhou，Xu Donghua，Chi Xiaodong，et al
	来源期刊：ADVANCED MATERIALS，2012，24（3）：362–364

续表

序号	论文信息
17	被引频次：465
18	论文题名：Surface Chemistry Routes to Modulate the Photoluminescence of Graphene Quantum Dots：From Fluorescence Mechanism to Up-Conversion Bioimaging Applications
	作者：Zhu Shoujun，Zhang Junhu，Tang Shijia，et al
	来源期刊：ADVANCED FUNCTIONAL MATERIALS，2012，22（22）：4732−4740
	被引频次：462
19	论文题名：Folded Structured Graphene Paper for High Performance Electrode Materials
	作者：Liu Fei，Song Shuyan，Xue Dongfeng，et al
	来源期刊：ADVANCED MATERIALS，2012，24（8）：1089−1094
	被引频次：455
20	论文题名：CALYPSO：A Method for Crystal Structure Prediction
	作者：Wang Yanchao，Lv Jian，Zhu Li，et al
	来源期刊：COMPUTER PHYSICS COMMUNICATIONS，2012，183（10）：2063−2070
	被引频次：451
21	论文题名：Geochronology of the Phanerozoic Granitoids in Northeastern China
	作者：Wu Fuyuan，Sun Deyou，Ge Wenchun，et al
	来源期刊：JOURNAL OF ASIAN EARTH SCIENCES，2011，41（1）：1−30
	被引频次：435
22	论文题名：Economical，Green Synthesis of Fluorescent Carbon Nanoparticles and Their Use as Probes for Sensitive and Selective Detection of Mercury（II）Ions
	作者：Lu Wenbo，Qin Xiaoyun，Liu Sen，et al
	来源期刊：ANALYTICAL CHEMISTRY，2012，84（12）：5351−5357
	被引频次：420
23	论文题名：Repeated Polyploidization of Gossypium Genomes and the Evolution of Spinnable Cotton Fibres
	作者：Paterson Andrew H.，Wendel Jonathan F.，Gundlach Heidrun，et al
	来源期刊：NATURE，2012，492（7429）：423−427
	被引频次：418
24	论文题名：Recent Advances In Dysprosium-Based Single Molecule Magnets：Structural Overview And Synthetic Strategies
	作者：Zhang Peng，Guo Yunnan，Tang Jinkui

续表

序号	论文信息
24	来源期刊：COORDINATION CHEMISTRY REVIEWS，2013，257（11–12）：1728–1763
	被引频次：415
25	论文题名：How to Produce White Light in A Single-Phase Host?
	作者：Shang Mengmeng，Li Chunxia，Lin Jun
	来源期刊：CHEMICAL SOCIETY REVIEWS，2014，43（5）：1372–1386
	被引频次：408
26	论文题名：Carbon Nanodots as Fluorescence Probes for Rapid，Sensitive，and Label-Free Detection of Hg^{2+} and Biothiols in Complex Matrices
	作者：Zhou Li，Lin Youhui，Huang Zhenzhen，et al
	来源期刊：CHEMICAL COMMUNICATIONS，2012，48（8）：1147–1149
	被引频次：408
27	论文题名：Oxygen Electrocatalysts in Metal-Air Batteries：from Aqueous to Nonaqueous Electrolytes
	作者：Wang Zhong Li，Xu Dan，Xu Ji Jing，et al
	来源期刊：CHEMICAL SOCIETY REVIEWS，2014，43（22）：7746–7786
	被引频次：400
28	论文题名：Metal-Organic Framework Membranes：from Synthesis to Separation Application
	作者：Qiu Shilun，Xue Ming，Zhu Guangshan
	来源期刊：CHEMICAL SOCIETY REVIEWS，2014，43（16）：6116–6140
	被引频次：396
29	论文题名：NiSe Nanowire Film Supported on Nickel Foam：An Efficient and Stable 3D Bifunctional Electrode for Full Water Splitting
	作者：Tang Chun，Cheng Ningyan，Pu Zonghua，et al
	来源期刊：ANGEWANDTE CHEMIE-INTERNATIONAL EDITION，2015，54（32）：9351–9355
	被引频次：392
30	论文题名：Self-Healing Supramolecular Gels Formed by Crown Ether Based Host-Guest Interactions
	作者：Zhang Mingming，Xu Donghua，Yan Xuzhou，et al
	来源期刊：ANGEWANDTE CHEMIE-INTERNATIONAL EDITION，2012，51（28）：7011–7015
	被引频次：390
31	论文题名：Dopamine-Melanin Colloidal Nanospheres：An Efficient Near-Infrared Photothermal Therapeutic Agent for In Vivo Cancer Therapy

续表

序号	论文信息
31	作者：Liu Yanlan，Ai Kelong，Liu Jianhua，et al
	来源期刊：ADVANCED MATERIALS，2013，25（9）：1353–1359
	被引频次：386
32	论文题名：A Biocompatible Fluorescent Ink Based on Water-Soluble Luminescent Carbon Nanodots
	作者：Qu Songnan，Wang Xiaoyun，Lu Qipeng，et al
	来源期刊：ANGEWANDTE CHEMIE-INTERNATIONAL EDITION，2012，51（49）：12215–12218
	被引频次：383
33	论文题名：Trifluoromethyltrimethylsilane：Nucleophilic Trifluoromethylation and Beyond
	作者：Liu Xiao，Xu Cong，Wang Mang，et al
	来源期刊：CHEMICAL REVIEWS，2015，115（2SI）：683–730
	被引频次：382
34	论文题名：Graphene-Supported Nanoelectrocatalysts for Fuel Cells：Synthesis，Properties，and Applications
	作者：Liu Minmin，Zhang Ruizhong，Chen Wei
	来源期刊：CHEMICAL REVIEWS，2014，114（10）：5117–5160
	被引频次：379
35	论文题名：Transition-metal-catalyzed Suzuki-Miyaura cross-coupling reactions：a remarkable advance from palladium to nickel catalysts
	作者：Han Fushe
	来源期刊：CHEMICAL SOCIETY REVIEWS，2013，42（12）：5270–5298
	被引频次：379
36	论文题名：The Photoluminescence Mechanism in Carbon Dots（Graphene Quantum Dots，Carbon Nanodots，and Polymer Dots）：Current State and Future Perspective
	作者：Zhu Shoujun，Song Yubin，Zhao Xiaohuan，et al
	来源期刊：NANO RESEARCH，2015，8（2）：355–381
	被引频次：378
37	论文题名：Noble Metal Nanomaterials：Controllable Synthesis and Application in Fuel Cells and Analytical Sensors
	作者：Guo Shaojun，Wang Erkang
	来源期刊：NANO TODAY，2011，6（3）：240–264
	被引频次：378

续表

序号	论文信息
38	论文题名：Strong Axiality and Ising Exchange Interaction Suppress Zero-Field Tunneling of Magnetization of an Asymmetric Dy-2 Single-Molecule Magnet
	作者：Guo Yunnan，Xu Gongfeng，Wernsdorfer，Wolfgang，et al
	来源期刊：JOURNAL OF THE AMERICAN CHEMICAL SOCIETY，2011，133（31）：11948–11951
	被引频次：364
39	论文题名：Highly Fluorescent Semiconducting Polymer Dots for Biology and Medicine
	作者：Wu Changfeng，Chiu Daniel T
	来源期刊：ANGEWANDTE CHEMIE-INTERNATIONAL EDITION，2013，52（11）：3086–3109
	被引频次：362
40	论文题名：Self-Supported Cu3P Nanowire Arrays as an Integrated High-Performance Three-Dimensional Cathode for Generating Hydrogen from Water
	作者：Tian Jingqi，Liu Qian，Cheng Ningyan，et al
	来源期刊：ANGEWANDTE CHEMIE-INTERNATIONAL EDITION，2014，53（36）：9577–9581
	被引频次：358
41	论文题名：Hybrid Materials Based on Lanthanide Organic Complexes：A Review
	作者：Feng Jing，Zhang Hongjie
	来源期刊：CHEMICAL SOCIETY REVIEWS，2013，42（1）：387–410
	被引频次：355
42	论文题名：Ionic Liquids-Based Extraction：A Promising Strategy for the Advanced Nuclear Fuel Cycle
	作者：Sun Xiaoqi，Luo Huimin，Dai Sheng
	来源期刊：CHEMICAL REVIEWS，2012，112（4）：2100–2128
	被引频次：349
43	论文题名：Closely Interconnected Network of Molybdenum Phosphide Nanoparticles：A Highly Efficient Electrocatalyst for Generating Hydrogen from Water
	作者：Xing Zhicai，Liu Qian，Asiri Abdullah M.，et al
	来源期刊：ADVANCED MATERIALS，2014，26（32）：5702–5707
	被引频次：348
44	论文题名：A Cost-Effective 3D Hydrogen Evolution Cathode with High Catalytic Activity：FeP Nanowire Array as the Active Phase
	作者：Jiang Ping，Liu Qian，Liang Yanhui，et al
	来源期刊：ANGEWANDTE CHEMIE-INTERNATIONAL EDITION，2014，53（47）：12855–12859

续表

序号	论文信息
44	被引频次：344
45	论文题名：Adsorption and Removal of Tetracycline Antibiotics from Aqueous Solution by Graphene Oxide
	作者：Gao Yuan, Li Yan, Zhang Liang, et al
	来源期刊：JOURNAL OF COLLOID AND INTERFACE SCIENCE，2012，368：540−546
	被引频次：343
46	论文题名：Hollow Spheres of Iron Carbide Nanoparticles Encased in Graphitic Layers as Oxygen Reduction Catalysts
	作者：Hu Yang, Jensen Jens Oluf, Zhang Wei, et al
	来源期刊：ANGEWANDTE CHEMIE-INTERNATIONAL EDITION，2014，53（14）：3675−3679
	被引频次：332
47	论文题名：Carbon Nanotubes Decorated with CoP Nanocrystals：A Highly Active Non-Noble-Metal Nanohybrid Electrocatalyst for Hydrogen Evolution
	作者：Liu Qian, Tian Jingqi, Cui Wei, et al
	来源期刊：ANGEWANDTE CHEMIE-INTERNATIONAL EDITION，2014，53（26）：6710−6714
	被引频次：325
48	论文题名：Microwave Assisted One-Step Green Synthesis of Cell-Permeable Multicolor Photoluminescent Carbon Dots without Surface Passivation Reagents
	作者：Wang Xiaohui, Qu Konggang, Xu Bailu, et al
	来源期刊：JOURNAL OF MATERIALS CHEMISTRY，2011，21（8）：2445−2450
	被引频次：321
49	论文题名：Dbcan：A Web Resource for Automated Carbohydrate-Active Enzyme Annotation
	作者：Yin Yanbin, Mao Xizeng, Yang Jincai , et al
	来源期刊：NUCLEIC ACIDS RESEARCH，2012，40（W1）：W445−W451
	被引频次：320
50	论文题名：Tailoring Deposition and Morphology of Discharge Products Towards High-Rate and Long-Life Lithium-Oxygen Batteries
	作者：Xu Jijing, Wang Zhongli, Xu dan, et al
	来源期刊：NATURE COMMUNICATIONS，2013，4：1−10
	被引频次：318
51	论文题名：Piezochromic Luminescence Based on the Molecular Aggregation of 9,10−Bis（（E）−2−(pyrid−2−yl）vinyl）anthracene

续表

序号	论文信息
51	作者：Dong Yujie, Xu Bin, Zhang Jibo, et al
	来源期刊：ANGEWANDTE CHEMIE-INTERNATIONAL EDITION，2012，51（43）：10782–10785
	被引频次：318
52	论文题名：Magnetite/Reduced Graphene Oxide Nanocomposites：One Step Solvothermal Synthesis and Use as A Novel Platform for Removal of Dye Pollutants
	作者：Sun Hongmei, Cao Linyuan, Lu Lehui
	来源期刊：NANO RESEARCH，2011，4（6）：550–562
	被引频次：315
53	论文题名：Graphene Wrapped Cu_2O Nanocubes：Non-Enzymatic Electrochemical Sensors for the Detection of Glucose and Hydrogen Peroxide with Enhanced Stability
	作者：Liu Minmin, Liu Ru, Chen Wei
	来源期刊：BIOSENSORS & BIOELECTRONICS，2013，45:206–212
	被引频次：312
54	论文题名：Highly Luminescent S, N Co-Doped Graphene Quantum Dots with Broad Visible Absorption Bands for Visible Light Photocatalysts
	作者：Qu Dan, Zheng Min, Du Peng, et al
	来源期刊：NANOSCALE，2013，5（24）：12272–12277
	被引频次：309
55	论文题名：Bifunctional Fluorescent Carbon Nanodots：Green Synthesis Via Soy Milk and Application as Metal-Free Electrocatalysts for Oxygen Reduction
	作者：Zhu Chengzhou, Zhai Junfeng, Dong Shaojun
	来源期刊：CHEMICAL COMMUNICATIONS，2012，48（75）：9367–9369
	被引频次：308
56	论文题名：pH-Triggered Controlled Drug Release from Mesoporous Silica Nanoparticles via Intracelluar Dissolution of ZnO Nanolids
	作者：Muharnmad Faheem, Guo Mingyi, Qi Wenxiu, et al
	来源期刊：JOURNAL OF THE AMERICAN CHEMICAL SOCIETY，2011，133（23）：8778–8781
	被引频次：308
57	论文题名：Hemin-Graphene Hybrid Nanosheets with Intrinsic Peroxidase-like Activity for Label-free Colorimetric Detection of Single-Nucleotide Polymorphism
	作者：Guo Yujing, Deng Liu, Li Jing, et al

续表

序号	论文信息
57	来源期刊：ACS NANO，2011，5（2）：1282−1290
	被引频次：306
58	论文题名：Nitrogen-Doped Porous Carbon Nanosheets as Low-Cost，High-Performance Anode Material for Sodium-Ion Batteries
	作者：Wang Hengguo，Wu Zhong，Meng Fanlu，et al
	来源期刊：CHEMSUSCHEM，2013，6（1）：56−60
	被引频次：304
59	论文题名：High-Index Faceted Ni_3S_2 Nanosheet Arrays as Highly Active and Ultrastable Electrocatalysts for Water Splitting
	作者：Feng Liang Liang，Yu Guangtao，Wu Yuanyuan，et al
	来源期刊：JOURNAL OF THE AMERICAN CHEMICAL SOCIETY，2015，137（44）：14023−14026
	被引频次：299
60	论文题名：Synthesis of Perovskite-Based Porous $La_{0.75}Sr_{0.25}MnO_3$ Nanotubes as a Highly Efficient Electrocatalyst for Rechargeable LithiumOxygen Batteries
	作者：Xu Ji Jing，Xu Dan，Wang Zhong Li，et al
	来源期刊：ANGEWANDTE CHEMIE-INTERNATIONAL EDITION，2013，52（14）：3887−3890
	被引频次：296
61	论文题名：Sp2 C-Dominant N-Doped Carbon Sub-micrometer Spheres with a Tunable Size：A Versatile Platform for Highly Efficient Oxygen-Reduction Catalysts
	作者：Ai Kelong，Liu Yanlan，Ruan Changping，et al
	来源期刊：ADVANCED MATERIALS，2013，25（7）：998−1003
	被引频次：295
62	论文题名：One-Dimensional Conducting Polymer Nanocomposites：Synthesis，Properties and Applications
	作者：Lu Xiaofeng，Zhang Wanjin，Wang Ce，et al
	来源期刊：PROGRESS IN POLYMER SCIENCE，2011,36（5SI）：671−712
	被引频次：294
63	论文题名：Enhanced Anti-Tumor Efficacy by Co-Delivery of Doxorubicin and Paclitaxel with Amphiphilic Methoxy PEG-PLGA Copolymer Nanoparticles
	作者：Wang Hai，Zhao Ying，Wu Yan，et al
	来源期刊：BIOMATERIALS，2011，32（32）：8281−8290
	被引频次：293

续表

序号	论文信息
64	论文题名：One-Pot Green Synthesis of Optically Ph-Sensitive Carbon Dots with Upconversion Luminescence
	作者：Jia Xiaofang，Li Jing，Wang Erkang
	来源期刊：NANOSCALE，2012，4（18）：5572–5575
	被引频次：286
65	论文题名：New Horizons for Diagnostics and Therapeutic Applications of Graphene and Graphene Oxide
	作者：Feng Lingyan，Wu Li，Qu Xiaogang
	来源期刊：ADVANCED MATERIALS，2013，25（2）：168–186
	被引频次：283
66	论文题名：Black Titanium Dioxide（Tio_2）Nanomaterials
	作者：Chen Xiaobo，Liu Lei，Huang Fuqiang
	来源期刊：CHEMICAL SOCIETY REVIEWS，2015，44（7）：1861–1885
	被引频次：281
67	论文题名：Common Origin of Green Luminescence in Carbon Nanodots and Graphene Quantum Dots
	作者：Wang Lei，Zhu Shou Jun，Wang Hai Yu，et al
	来源期刊：ACS NANO，2014，8（3）：2541–2547
	被引频次：278
68	论文题名：Colorimetric Biosensing Using Smart Materials
	作者：Song Yujun，Wei Weili，Qu Xiaogang
	来源期刊：ADVANCED MATERIALS，2011，23（37）：4215–4236 被引频次：278
69	论文题名：A Sodalite-Type Porous Metal-Organic Framework with Polyoxometalate Templates：Adsorption and Decomposition of Dimethyl Methylphosphonate
	作者：Ma Feng Ji，Liu Shu Xia，Sun Chun Yan，et al
	来源期刊：JOURNAL OF THE AMERICAN CHEMICAL SOCIETY，2011，133（12）：4178–4181
	被引频次：276
70	论文题名：Cobalt-Embedded Nitrogen-Rich Carbon Nanotubes Efficiently Catalyze Hydrogen Evolution Reaction at All pH Values
	作者：Zou Xiaoxin，Huang Xiaoxi，Goswami Anandarup，et al
	来源期刊：ANGEWANDTE CHEMIE-INTERNATIONAL EDITION，2014，53（17）：4372–4376
	被引频次：272

续表

序号	论文信息
71	论文题名：Plant Species Richness and Ecosystem Multifunctionality in Global Drylands
	作者：Maestre Fernando T., Quero Jose L., Gotelli Nicholas J., et al 来源期刊：SCIENCE，2012，335（6065）：214–218
	被引频次：271
72	论文题名：A Graphene Functionalized Electrochemical Aptasensor for Selective Label-Free Detection of Cancer Cells
	作者：Feng Lingyan，Chen Yong，Ren Jinsong，et al
	来源期刊：BIOMATERIALS，2011，32（11）：2930–2937
	被引频次：270
73	论文题名：Graphene Oxide Gel-Derived，Free-Standing，Hierarchically Porous Carbon for High-Capacity and High-Rate Rechargeable Li-O_2 Batteries
	作者：Wang Zhong Li，Xu Dan，Xu Ji Jing，et al
	来源期刊：ADVANCED FUNCTIONAL MATERIALS，2012，22（17）：3699–3705
	被引频次：269
74	论文题名：Recent Advances in Porous Polyoxometalate-Based Metal-Organic Framework Materials
	作者：Du Dongying，Qin Junsheng，Li Shunli，et al
	来源期刊：CHEMICAL SOCIETY REVIEWS，2014，43（13）：4615–4632
	被引频次：268
75	论文题名：Carbon Dots Prepared by Hydrothermal Treatment of Dopamine as an Effective Fluorescent Sensing Platform for the Label-Free Detection of Iron（III）Ions and Dopamine
	作者：Qu Konggang，Wang Jiasi，Ren Jinsong，et al
	来源期刊：CHEMISTRY-A EUROPEAN JOURNAL，2013,19（22）：7243–7249
	被引频次：267
76	论文题名：In Vivo Multimodality Imaging and Cancer Therapy by Near-Infrared Light-Triggered trans-Platinum Pro-Drug-Conjugated Upconverison Nanoparticles
	作者：Dai Yunlu，Xiao Haihua，Liu Jianhua，et al
	来源期刊：JOURNAL OF THE AMERICAN CHEMICAL SOCIETY，2013,135（50）：18920–18929
	被引频次：266
77	论文题名：Current Advances in Lanthanide Ion（Ln（3+））–Based Upconversion Nanomaterials for Drug Delivery
	作者：Yang Dongmei，Ma Ping'an，Hou Zhiyou，et al

续表

序号	论文信息
77	来源期刊：CHEMICAL SOCIETY REVIEWS，2015，44（6）：1416–1448
	被引频次：262
78	论文题名：An Exceptional 54–Fold Interpenetrated Coordination Polymer with 10（3）–srs Network Topology
	作者：Wu Hua，Yang Jin，Su Zhongmin，et al
	来源期刊：JOURNAL OF THE AMERICAN CHEMICAL SOCIETY，2011，133（30）：11406–11409
	被引频次：259
79	论文题名：Catalytically Active Nanomaterials：A Promising Candidate for Artificial Enzymes
	作者：Lin Youhui，Ren Jinsong，Qu Xiaogang
	来源期刊：ACCOUNTS OF CHEMICAL RESEARCH，2014，47（4）：1097–1105
	被引频次：258
80	论文题名：Enhanced Binding Affinity，Remarkable Selectivity，and High Capacity of CO2 by Dual Functionalization of a rht-Type Metal-Organic Framework
	作者：Li Baiyan，Zhang Zhijuan，Li Yi，et al
	来源期刊：ANGEWANDTE CHEMIE-INTERNATIONAL EDITION，2012，51（6）：1412–1415
	被引频次：258
81	论文题名：Donor/Acceptor Indenoperylene Dye for Highly Efficient Organic Dye-Sensitized Solar Cells
	作者：Yao Zhaoyang，Zhang Min，Wu Heng，et al
	来源期刊：JOURNAL OF THE AMERICAN CHEMICAL SOCIETY，2015，137（11）：3799–3802
	被引频次：257
82	论文题名：An Organic D-pi-A Dye for Record Efficiency Solid-State Sensitized Heterojunction Solar Cells
	作者：Cai Ning，Moon Soo-Jin，Cevey-Ha Le，et al
	来源期刊：NANO LETTERS，2011，11（4）：1452–1456
	被引频次：254
83	论文题名：Nitrogen-Doped Carbon Quantum Dots：Facile Synthesis and Application as A “Turn-Off” Fluorescent Probe for Detection of Hg^{2+} Ions
	作者：Zhang Ruizhong，Chen Wei
	来源期刊：BIOSENSORS & BIOELECTRONICS，2014，55：83–90
	被引频次：252
84	论文题名：Metal Nanoclusters：New Fluorescent Probes for Sensors and Bioimaging

续表

序号	论文信息
84	作者：Zhang Libing，Wang Erkang
	来源期刊：NANO TODAY，2014，9（1）：132–157
	被引频次：252
85	论文题名：In Situ Assembly of Well-Dispersed Ag Nanoparticles（Agnps）on Electrospun Carbon Nanofibers（Cnfs）for Catalytic Reduction of 4–Nitrophenol
	作者：Zhang Peng，Shao Changlu，Zhang Zhenyi，et al
	来源期刊：ANOSCALE，2011，3（8）：3357–3363
	被引频次：252
86	论文题名：Titanium Dioxide Nanomaterials for Photovoltaic Applications
	作者：Bai Yu，Mora-Sero Ivan，De Angelis Filippo，et al
	来源期刊：CHEMICAL REVIEWS，2014，114（19）：10095–10130
	被引频次：251
87	论文题名：Single-Crystal-to-Single-Crystal Transformation of a Europium（III）Metal-Organic Framework Producing a Multi-responsive Luminescent Sensor
	作者：Song Xuezhi，Song Shuyan，Zhao Shuna，et al
	来源期刊：ADVANCED FUNCTIONAL MATERIALS，2014，24（26）：4034–4041
	被引频次：251
88	论文题名：Efficient Solid Emitters with Aggregation-Induced Emission and Intramolecular Charge Transfer Characteristics：Molecular Design，Synthesis，Photophysical Behaviors，and OLED Application
	作者：Yuan Wang Zhang，Gong Yongyang，Chen Shuming，et al
	来源期刊：CHEMISTRY OF MATERIALS，2012，24（8）：1518–1528
	被引频次：245
89	论文题名：Bamboo-like Carbon Nanotube/Fe_3C Nanoparticle Hybrids and Their Highly Efficient Catalysis for Oxygen Reduction
	作者：Yang Wenxiu，Liu Xiangjian，Yue Xiaoyu，et al
	来源期刊：JOURNAL OF THE AMERICAN CHEMICAL SOCIETY，2015，137（4）：1436–1439
	被引频次：244
90	论文题名：In Situ Fabrication of Porous Graphene Electrodes for High-Performance Energy Storage
	作者：Wang Zhongli，Xu Dan，Wang Hengguo，et al
	来源期刊：ACS NANO，2013，7（3）：2422–2430
	被引频次：244

续表

序号	论文信息
91	论文题名：Near-Infrared Light-Triggered，Targeted Drug Delivery to Cancer Cells by Aptamer Gated Nanovehicles
	作者：Yang Xinjian，Liu Xia，Liu Zhen，et al
	来源期刊：ADVANCED MATERIALS，2012，24（21）：2890—2895
	被引频次：242
92	论文题名：ZIF—8 Derived Graphene-Based Nitrogen-Doped Porous Carbon Sheets as Highly Efficient and Durable Oxygen Reduction Electrocatalysts
	作者：Zhong Haixia，Wang Jun，Zhang Yuwei，et al
	来源期刊：ANGEWANDTE CHEMIE-INTERNATIONAL EDITION，2014，53（51）：14235—14239
	被引频次：241
93	论文题名：Carbon Dots with Continuously Tunable Full-Color Emission and Their Application in Ratiometric pH Sensing
	作者：Nie Hui，Li Minjie，Li Quanshun，et al
	来源期刊：CHEMISTRY OF MATERIALS，2014，26（10）：3104—3112
	被引频次：241
94	论文题名：Equatorially Coordinated Lanthanide Single Ion Magnets
	作者：Zhang Peng，Zhang Li，Wang Chao，et al
	来源期刊：JOURNAL OF THE AMERICAN CHEMICAL SOCIETY，2014，136（12）：4484—4487
	被引频次：239
95	论文题名：White Light-Emitting Devices Based on Carbon Dots’ Electroluminescence
	作者：Wang Fu，Chen Yonghua，Liu Chunyan，et al
	来源期刊：CHEMICAL COMMUNICATIONS，2011，47（12）：3502—3504
	被引频次：239
96	论文题名：Easy Synthesis and Imaging Applications of Cross-Linked Green Fluorescent Hollow Carbon Nanoparticles
	作者：Fang Youxing，Guo Shaojun，Li Dan，et al
	来源期刊：ACS NANO，2012，6（1）：400—409
	被引频次：233
97	论文题名：Ultrahard nanotwinned cubic boron nitride
	作者：Tian Yongjun，Xu Bo，Yu Dongli，et al
	来源期刊：NATURE，2013，493（7432）：385—388

续表

序号	论文信息
97	被引频次：232
98	论文题名：PdM（M = Pt，Au）Bimetallic Alloy Nanowires with Enhanced Electrocatalytic Activity for Electro-oxidation of Small Molecules
	作者：Zhu Chengzhou，Guo Shaojun，Dong Shaojun
	来源期刊：ADVANCED MATERIALS，2012，24（17）：2326–2331
	被引频次：232
99	论文题名：High Photocatalytic Activity of ZnO-Carbon Nanofiber Heteroarchitectures
	作者：Mu Jingbo，Shao Changlu，Guo Zengcai，et al
	来源期刊：ACS APPLIED MATERIALS & INTERFACES，2011，3（2）：590–596
	被引频次：232
100	论文题名：One-Pot Synthesis，Photoluminescence，and Electrocatalytic Properties of Subnanometer-Sized Copper Clusters
	作者：Wei Wentao，Lu Yizhong，Chen Wei，et al
	来源期刊：JOURNAL OF THE AMERICAN CHEMICAL SOCIETY，2011，133（7）：2060–2063
	被引频次：231
101	论文题名：Metallic Nanocages：Synthesis of Bimetallic Pt-Pd Hollow Nanoparticles with Dendritic Shells by Selective Chemical Etching
	作者：Wang Liang，Yamauchi Yusuke
	来源期刊：JOURNAL OF THE AMERICAN CHEMICAL SOCIETY，2013，135（45）：16762–16765
	被引频次：230
102	论文题名：Efficient and Tunable White-Light Emission of Metal-Organic Frameworks by Iridium-Complex Encapsulation
	作者：Sun Chun-Yi，Wang Xin-Long，Zhang Xiao，et al
	来源期刊：NATURE COMMUNICATIONS，2013，4，文献号 2717
	被引频次：230
103	论文题名：Non-Covalent Doping of Graphitic Carbon Nitride Polymer with Graphene：Controlled Electronic Structure and Enhanced Optoelectronic Conversion
	作者：Zhang Yuanjian，Mori Toshiyuki，Niu Li，et al
	来源期刊：ENERGY & ENVIRONMENTAL SCIENCE，2011，4（11）：4517–4521
	被引频次：230

续表

序号	论文信息
104	论文题名：Viologen-Mediated Assembly of and Sensing with Carboxylatopillar[5]arene-Modified Gold Nanoparticles
	作者：Li Hui，Chen Dai-Xiong，Sun Yu-Long，et al
	来源期刊：JOURNAL OF THE AMERICAN CHEMICAL SOCIETY，2013，135（4）：1570—1576
	被引频次：229
105	论文题名：Advances and Challenges for Flexible Energy Storage and Conversion Devices and Systems
	作者：Li Lin，Wu Zhong，Yuan Shuang，et al
	来源期刊：ENERGY & ENVIRONMENTAL SCIENCE，2014，7（7）：2101—2122
	被引频次：228
106	论文题名：Ultrasensitive Hydrogen Sensor Based on Pd—0—Loaded SnO2 Electrospun Nanofibers at Room Temperature
	作者：Wang Zhaojie，Li Zhenyu，Jiang Tingting，et al
	来源期刊：ACS APPLIED MATERIALS & INTERFACES，2013，5（6）：2013—2021
	被引频次：227
107	论文题名：A Pilot Study in Non-Human Primates Shows No Adverse Response to Intravenous Injection of Quantum Dots
	作者：Ye Ling，Yong Ken-Tye，Liu Liwei，et al
	来源期刊：NATURE NANOTECHNOLOGY，2012，7（7）：453—458
	被引频次：227
108	论文题名：Engineering Organic Sensitizers for Iodine-Free Dye-Sensitized Solar Cells：Red-Shifted Current Response Concomitant with Attenuated Charge Recombination
	作者：Bai Yu，Zhang Jing，Zhou Difei，et al
	来源期刊：JOURNAL OF THE AMERICAN CHEMICAL SOCIETY，2011，133（30）：11442—11445
	被引频次：227
109	论文题名：Predicted Novel High-Pressure Phases of Lithium
	作者：Lv Jian，Wang Yanchao，Zhu Li，et al
	来源期刊：PHYSICAL REVIEW LETTERS，2011，106（1），文献号：015503
	被引频次：227
110	论文题名：Engraving Copper Foil to Give Large-Scale Binder-Free Porous CuO Arrays for a High-Performance Sodium-Ion Battery Anode
	作者：Yuan Shuang，Huang Xiao-lei，Ma De-long，et al

续表

序号	论文信息
110	来源期刊：ADVANCED MATERIALS，2014，26（14）：2273–2279
	被引频次：226
111	论文题名：Fluorinated Benzothiadiazole-Based Conjugated Polymers for High-Performance Polymer Solar Cells without Any Processing Additives or Post-treatments
	作者：Wang Ning，Chen Zheng，Wei Wei，et al
	来源期刊：JOURNAL OF THE AMERICAN CHEMICAL SOCIETY，2013，135（45）：17060–17068
	被引频次：226
112	论文题名：A Doxorubicin Delivery Platform Using Engineered Natural Membrane Vesicle Exosomes for Targeted Tumor Therapy
	作者：Tian Yanhua，Li Suping，Song Jian，et al
	来源期刊：BIOMATERIALS，2014，35（7）：2383–2390
	被引频次：225
113	论文题名：Gas Storage in Porous Aromatic Frameworks（Pafs）
	作者：Ben Teng，Pei Cuiying，Zhang Daliang，et al
	来源期刊：ENERGY & ENVIRONMENTAL SCIENCE，2011，4（10）：3991–3999
	被引频次：225
114	论文题名：On Off On Fluorescent Carbon Dot Nanosensor for Recognition of Chromium（VI）and Ascorbic Acid Based on the Inner Filter Effect
	作者：Zheng Min，Xie Zhigang，Qu Dan，et al
	来源期刊：ACS APPLIED MATERIALS & INTERFACES，2013，5（24）：13242–13247
	被引频次：224
115	论文题名：Relaxation Dynamics of Dysprosium（III）Single Molecule Magnets
	作者：Guo Yun-Nan，Xu Gong-Feng，Guo Yang，et al
	来源期刊：DALTON TRANSACTIONS，2011，40（39）：9953–9963
	被引频次：222
116	论文题名：New Yellow Ba0.93Eu0.07Al2O4 Phosphor for Warm-White Light-Emitting Diodes Through Single-Emitting-Center Conversion
	作者：Li Xufan，Budai John D.，Liu Feng，et al
	来源期刊：LIGHT-SCIENCE & APPLICATIONS，2013，2，文献号：e50
	被引频次：221

续表

序号	论文信息
117	论文题名：High-Efficiency Single Emissive Layer White Organic Light-Emitting Diodes Based on Solution-Processed Dendritic Host and New Orange-Emitting Iridium Complex
	作者：Zhang Baohua, Tan Guiping, Lam Ching-Shan, et al
	来源期刊：ADVANCED MATERIALS，2012，24（14）：1873—1877
	被引频次：219
118	论文题名：Electrospinning of Polymeric Nanofibers for Drug Delivery Applications
	作者：Hu Xiuli, Liu Shi, Zhou Guangyuan, et al
	来源期刊：JOURNAL OF CONTROLLED RELEASE，2014，185：12—21
	被引频次：218
119	论文题名：Recent Progress in Graphene-Based Nanomaterials as Advanced Electrocatalysts Towards Oxygen Reduction Reaction
	作者：Zhu Chengzhou, Dong Shaojun
	来源期刊：NANOSCALE，2013，5（5）：1753—1767
	被引频次：217
120	论文题名：A Robust Near Infrared Luminescent Ytterbium Metal-Organic Framework for Sensing of Small Molecules
	作者：Guo Zhiyong, Xu Hui, Su Shengqun, et al
	来源期刊：CHEMICAL COMMUNICATIONS，2011，47（19）：5551—5553
	被引频次：217
121	论文题名：Polyoxometalate-Based Cobalt-Phosphate Molecular Catalysts for Visible Light-Driven Water Oxidation
	作者：Han Xin-Bao, Zhang Zhi-Ming, Zhang Teng, et al
	来源期刊：JOURNAL OF THE AMERICAN CHEMICAL SOCIETY，2014，136（14）：5359—5366
	被引频次：216
122	论文题名：Ultrathin Graphitic Carbon Nitride Nanosheet：A Highly Efficient Fluorosensor for Rapid, Ultrasensitive Detection of Cu^{2+}
	作者：Tian Jingqi, Liu Qian, Asiri Abdullah M., et al
	来源期刊：ANALYTICAL CHEMISTRY，2013，85（11）：5595—5599
	被引频次：214
123	论文题名：A Twisting Donor-Acceptor Molecule with an Intercrossed Excited State for Highly Efficient, Deep-Blue Electroluminescence

续表

序号	论文信息
123	作者：Li Weijun，Liu Dandan，Shen Fangzhong，et al
	来源期刊：ADVANCED FUNCTIONAL MATERIALS，2012，22（13）：2797–2803
	被引频次：214
124	论文题名：A Crown Ether Appended Super Gelator with Multiple Stimulus Responsiveness
	作者：Dong Shengyi，Zheng Bo，Xu Donghua，et al
	来源期刊：ADVANCED MATERIALS，2012，24（24）：3191–3195
	被引频次：214
125	论文题名：Using Graphene Oxide High Near-Infrared Absorbance for Photothermal Treatment of Alzheimer' s Disease
	作者：Li Meng，Yang Xinjian，Ren Jinsong，et al
	来源期刊：ADVANCED MATERIALS，2012，24（13）：1722–1728
	被引频次：212
126	论文题名：Palladium-Catalyzed C-H Aminations of Anilides with N-Fluorobenzenesulfonimide
	作者：Sun Kai，Li Yan，Xiong Tao，et al
	来源期刊：JOURNAL OF THE AMERICAN CHEMICAL SOCIETY，2011，133（6）：1694–1697
	被引频次：212
127	论文题名：Control the Size and Surface Chemistry of Graphene for The Rising Fluorescent Materials
	作者：Zhu Shoujun，Tang Shijia，Zhang Junhu，et al
	来源期刊：CHEMICAL COMMUNICATIONS，2012，48（38）：4527–4539
	被引频次：211
128	论文题名：Mesoporous Metal-Organic Frameworks with Size-tunable Cages：Selective CO_2 Uptake，Encapsulation of Ln（$^{3+}$）Cations for Luminescence，and Column-Chromatographic Dye Separation
	作者：Lan Ya-Qian，Jiang Hai-Long，Li Shun-Li，et al
	来源期刊：ADVANCED MATERIALS，2011，23（43）：5015–5020
	被引频次：211
129	论文题名：Facile Fabrication of Highly Efficient g-C_3N_4/Ag_2O Heterostructured Photocatalysts with Enhanced Visible-Light Photocatalytic Activity
	作者：Xu Miao，Han Lei，Dong Shaojun
	来源期刊：ACS APPLIED MATERIALS & INTERFACES，2013，5（23）：12533–12540
	被引频次：210

续表

序号	论文信息
130	论文题名：Recent Advances in Graphene Quantum Dots for Sensing
	作者：Sun Hanjun, Wu Li, Wei Weili, et al
	来源期刊：MATERIALS TODAY，2013，16（11）：433—442
	被引频次：210
131	论文题名：Graphene Quantum Dots with Controllable Surface Oxidation，Tunable Fluorescence and Up-Conversion Emission
	作者：Zhu Shoujun, Zhang Junhu, Liu Xue, et al
	来源期刊：RSC ADVANCES，2012，2（7）：2717—2720
	被引频次：210
132	论文题名：A Method for the Production of Reduced Graphene Oxide Using Benzylamine as a Reducing and Stabilizing Agent and Its Subsequent Decoration With Ag Nanoparticles for Enzymeless Hydrogen Peroxide Detection
	作者：Liu Sen, Tian Jingqi, Wang Lei, et al
	来源期刊：CARBON，2011，49（10）：3158—3164
	被引频次：210
133	论文题名：Understanding and Targeting Cancer Stem Cells：Therapeutic Implications and Challenges
	作者：Chen Ke, Huang Ying-hui, Chen Ji-long
	来源期刊：ACTA PHARMACOLOGICA SINICA，2013，34（6）：732—740
	被引频次：208
134	论文题名：Electrochemically Reduced Single-Layer MoS_2 Nanosheets：Characterization，Properties，and Sensing Applications
	作者：Wu Shixin, Zeng Zhiyuan, He Qiyuan, et al
	来源期刊：SMALL，2012，8（14）：2264—2270
	被引频次：208
135	论文题名：Formation Mechanism and Optimization of Highly Luminescent N-Doped Graphene Quantum Dots
	作者：Qu Dan, Zheng Min, Zhang Ligong, et al
	来源期刊：SCIENTIFIC REPORTS，2014，4，文献号：5294
	被引频次：207
136	论文题名：Polyvalent Nucleic Acid/Mesoporous Silica Nanoparticle Conjugates：Dual Stimuli-Responsive Vehicles for Intracellular Drug Delivery
	作者：Chen Cuie, Geng Jie, Pu Fang, et al

续表

序号	论文信息
136	来源期刊：ANGEWANDTE CHEMIE-INTERNATIONAL EDITION，2011，50（4SI）：882–886
	被引频次：207
137	论文题名：Up-Conversion Cell Imaging and pH-Induced Thermally Controlled Drug Release from $NaYF_4$:Yb^{3+}/Er^{3+}@Hydrogel Core-Shell Hybrid Microspheres
	作者：Dai Yunlu，Ma Ping' an，Cheng Ziyong，et al
	来源期刊：ACS NANO，2012，6（4）：3327–3338
	被引频次：206
138	论文题名：Design of High-Efficiency Organic Dyes for Titania Solar Cells Based on the Chromophoric Core of Cyclopentadithiophene-Benzothiadiazole
	作者：Zhang Min，Wang Yinglin，Xu Mingfei，et al
	来源期刊：ENERGY & ENVIRONMENTAL SCIENCE，2013，6（10）：2944–2949
	被引频次：205
139	论文题名：Large Intervening Non-coding RNA HOTAIR is Associated with Hepatocellular Carcinoma Progression
	作者：Geng Y. J.，Xie S. L.，Li Q.，et al
	来源期刊：JOURNAL OF INTERNATIONAL MEDICAL RESEARCH，2011，39（6）：2119–2128
	被引频次：205
140	论文题名：A Binary Functional Substrate for Enrichment and Ultrasensitive SERS Spectroscopic Detection of Folic Acid Using Graphene Oxide/Ag Nanoparticle Hybrids
	作者：Ren Wen，Fang Youxing，Wang Erkang
	来源期刊：ACS NANO，2011，5（8）：6425–6433
	被引频次：204
141	论文题名：Au-Nanoparticle-Loaded Graphitic Carbon Nitride Nanosheets：Green Photocatalytic Synthesis and Application toward the Degradation of Organic Pollutants
	作者：Cheng Ningyan，Tian Jingqi，Liu Qian，et al
	来源期刊：ACS APPLIED MATERIALS & INTERFACES，2013，5（15）：6815–6819
	被引频次：203
142	论文题名：Synthesis of 3D Hierarchical Fe_3O_4/Graphene Composites with High Lithium Storage Capacity and for Controlled Drug Delivery
	作者：Li Xiyan，Huang Xiaolei，Liu Dapeng，et al
	来源期刊：JOURNAL OF PHYSICAL CHEMISTRY C，2011，115（44）：21567–21573

续表

序号	论文信息
142	被引频次：203
143	论文题名：Homogeneous CoO on Graphene for Binder-Free and Ultralong-Life Lithium Ion Batteries
	作者：Huang Xiao-lei，Wang Ru-zhi，Xu Dan，et al
	来源期刊：ADVANCED FUNCTIONAL MATERIALS，2013，23（35）：4345–4353
	被引频次：202
144	论文题名：Producing More Grain with Lower Environmental Costs
	作者：Chen Xinping，Cui Zhenling，Fan Mingsheng，et al
	来源期刊：NATURE，2014，514（7523）：486–489
	被引频次：201
145	论文题名：Cation Sensing by a Luminescent Metal-Organic Framework with Multiple Lewis Basic Sites
	作者：Tang Qun，Liu Shuxia，Liu Yiwei，et al
	来源期刊：INORGANIC CHEMISTRY，2013，52（6）：2799–2801
	被引频次：200
146	论文题名：Recent Advances in Electrochemiluminescence
	作者：Liu Zhongyuan，Qi Wenjing，Xu Guobao
	来源期刊：CHEMICAL SOCIETY REVIEWS，2015，44（10）：3117–3142
	被引频次：197
147	论文题名：Switchable Host-Guest Systems on Surfaces
	作者：Yang Ying-Wei，Sun Yu-Long，Song Nan
	来源期刊：ACCOUNTS OF CHEMICAL RESEARCH，2014，47（7）：1950–1960
	被引频次：197
148	论文题名：A High-Performance Ytterbium-Based Nanoparticulate Contrast Agent for In Vivo X-Ray Computed Tomography Imaging
	作者：Liu Yanlan，Ai Kelong，Liu Jianhua，et al
	来源期刊：ANGEWANDTE CHEMIE-INTERNATIONAL EDITION，2012，51（6）：1437–1442
	被引频次：197
149	论文题名：Additive Manufacturing and Its Societal Impact：A Literature Review
	作者：Huang Samuel H.，Liu Peng，Mokasdar Abhiram，et al
	来源期刊：INTERNATIONAL JOURNAL OF ADVANCED MANUFACTURING TECHNOLOGY，2013，67（5–8）：1191–1203

续表

序号	论文信息
149	被引频次：196
150	论文题名：Single-Base Resolution Methylomes of Tomato Fruit Development Reveal Epigenome Modifications Associated with Ripening
	作者：Zhong Silin, Fei Zhangjun, Chen Yun-Ru, et al
	来源期刊：NATURE BIOTECHNOLOGY, 2013, 31（2）：154–159
	被引频次：196
151	论文题名：Tunable Luminescence Of Ce^{3+}/Mn^{2+}–Coactivated Ca_2Gd_8（Sio_4）（6）O–2 Through Energy Transfer and Modulation of Excitation：Potential Single-Phase White/Yellow-Emitting Phosphors
	作者：Li Guogang, Geng Dongling, Shang Mengmeng, et al
	来源期刊：JOURNAL OF MATERIALS CHEMISTRY，2011, 21（35）：13334–13344
	被引频次：196
152	论文题名：Electroless Nickel, Alloy, Composite and Nano Coatings – A Critical Review
	作者：Sudagar Jothi, Lian Jianshe, Sha Wei
	来源期刊：JOURNAL OF ALLOYS AND COMPOUNDS，2013, 571:183–204
	被引频次：195
153	论文题名：Synthesis of Highly Fluorescent Nitrogen-Doped Graphene Quantum Dots for Sensitive, Label-Free Detection of Fe（III）in Aqueous Media
	作者：Ju Jian, Chen Wei
	来源期刊：BIOSENSORS & BIOELECTRONICS，2014, 58:219–225
	被引频次：194
154	论文题名：A Supramolecular Janus Hyperbranched Polymer and Its Photoresponsive Self-Assembly of Vesicles with Narrow Size Distribution
	作者：Liu Yong, Yu Chunyang, Jin Haibao, et al
	来源期刊：JOURNAL OF THE AMERICAN CHEMICAL SOCIETY，2013, 135（12）：4765–4770
	被引频次：194
155	论文题名：A Layer-Structured Eu-MOF as A Highly Selective Fluorescent Probe for Fe^{3+} Detection Through A Cation-Exchange Approach
	作者：Dang Song, Ma En, Sun Zhong-Ming, et al
	来源期刊：JOURNAL OF MATERIALS CHEMISTRY，2012, 22（33）：16920–16926
	被引频次：194

续表

序号	论文信息
156	论文题名：Color-Switchable Electroluminescence of Carbon Dot Light-Emitting Diodes
	作者：Zhang Xiaoyu，Zhang Yu，Wang Yu，et al
	来源期刊：ACS NANO，2013，7（12）：11234–11241
	被引频次：193
157	论文题名：One-Pot Green Synthesis of Ag Nanoparticles-Graphene Nanocomposites and Their Applications in SERS，H_2O_2，and Glucose Sensing
	作者：Zhang Yingwei，Liu Sen，Wang Lei，et al
	来源期刊：RSC ADVANCES，2012，2（2）：538–545
	被引频次：192
158	论文题名：Substitutional Alloy of Bi and Te at High Pressure
	作者：Zhu Li，Wang Hui，Wang Yanchao，et al
	来源期刊：PHYSICAL REVIEW LETTERS，2011，106（14），文献号：145501
	被引频次：192
159	论文题名：Nanotoxicity Assessment of Quantum Dots：from Cellular to Primate Studies
	作者：Yong Ken-Tye，Law Wing-Cheung，Hu Rui，et al
	来源期刊：CHEMICAL SOCIETY REVIEWS，2013，42（3）：1236–1250
	被引频次：191
160	论文题名：Covalently Assembled NIR Nanoplatform for Simultaneous Fluorescence Imaging and Photodynamic Therapy of Cancer Cells
	作者：Liu Kai，Liu Xiaomin，Zeng Qinghui，et al
	来源期刊：ACS NANO，2012，6（5）：4054–4062
	被引频次：191
161	论文题名：A Facile One-Pot Method to High-Quality Ag-Graphene Composite Nanosheets for Efficient Surface-Enhanced Raman Scattering
	作者：Zhang Zhe，Xu Fugang，Yang Wenshu，et al
	来源期刊：CHEMICAL COMMUNICATIONS，2011，47（22）：6440–6442
	被引频次：190
162	论文题名：Layer-by-Layer Assembly and UV Photoreduction of Graphene-Polyoxometalate Composite Films for Electronics
	作者：Li Haolong，Pang Shuping，Wu Si，et al
	来源期刊：JOURNAL OF THE AMERICAN CHEMICAL SOCIETY，2011，133（24）：9423–9429

续表

序号	论文信息
162	被引频次：189
163	论文题名：Artificial Muscles from Fishing Line and Sewing Thread
	作者：Haines Carter S., Lima Marcio D., Li Na, et al
	来源期刊：SCIENCE，2014，343（6173）：868–872
	被引频次：188
164	论文题名：Highly Prevalent TERT Promoter Mutations in Aggressive Thyroid Cancers
	作者：Liu Xiaoli, Bishop Justin, Shan Yuan, et al
	来源期刊：ENDOCRINE-RELATED CANCER，2013，20（4）：603–610
	被引频次：188
165	论文题名：Fast Response and High Sensitivity Europium Metal Organic Framework Fluorescent Probe with Chelating Terpyridine Sites for Fe^{3+}
	作者：Zheng Min, Tan Huaqiao, Xie Zhigang, et al
	来源期刊：ACS APPLIED MATERIALS & INTERFACES，2013，5（3）：1078–1083
	被引频次：188
166	论文题名：Self-Assembly of Ultrathin Porous NiO Nanosheets/Graphene Hierarchical Structure for High-Capacity and High-Rate Lithium Storage
	作者：Huang Yun, Huang Xiao-lei, Lian Jian-she, et al
	来源期刊：JOURNAL OF MATERIALS CHEMISTRY，2012，22（7）：2844–2847
	被引频次：188
167	论文题名：Hyperbranched Polytriazoles with High Molecular Compressibility：Aggregation-Induced Emission and Superamplified Explosive Detection
	作者：Wang Jian, Mei Ju, Yuan Wangzhang, et al
	来源期刊：JOURNAL OF MATERIALS CHEMISTRY，2011，21（12）：4056–4059
	被引频次：187
168	论文题名：Spatiotemporal Characteristics, Patterns, and Causes of Land-Use Changes in China Since The Late 1980s
	作者：Liu Jiyuan, Kuang Wenhui, Zhang Zengxiang, et al
	来源期刊：JOURNAL OF GEOGRAPHICAL SCIENCES，2014，24（2）：195–210
	被引频次：186
169	论文题名：A Series of Highly Connected Metal-Organic Frameworks Based on Triangular Ligands and d（10）Metals：Syntheses, Structures, Photoluminescence, and Photocatalysis

续表

序号	论文信息
169	作者：Kan Wei-Qiu，Liu Bo，Yang Jin，et al
	来源期刊：CRYSTAL GROWTH & DESIGN，2012，12（5）：2288–2298
	被引频次：186
170	论文题名：Synthesis and Structure Determination of the Hierarchical Meso-Microporous Zeolite ITQ–43
	作者：Jiang Jiuxing，Jorda Jose L.，Yu Jihong，et al
	来源期刊：SCIENCE，2011，333（6046）：1131–1134
	被引频次：184
171	论文题名：The Promotion of Neurite Sprouting and Outgrowth of Mouse Hippocampal Cells in Culture by Graphene Substrates
	作者：Li Ning，Zhang Xuemin，Song Qin，et al
	来源期刊：BIOMATERIALS，2011，32（35）：9374–9382
	被引频次：182
172	论文题名：Coupling Mo_2C with Nitrogen-Rich Nanocarbon Leads to Efficient Hydrogen-Evolution Electrocatalytic Sites
	作者：Liu Yipu，Yu Guangtao，Li Guo-Dong，et al
	来源期刊：ANGEWANDTE CHEMIE-INTERNATIONAL EDITION，2015，54（37）：10752–10757
	被引频次：181
173	论文题名：Highly Efficient Near-Infrared Organic Light-Emitting Diode Based on a Butterfly-Shaped Donor-Acceptor Chromophore with Strong Solid-State Fluorescence and a Large Proportion of Radiative Excitons
	作者：Yao Liang，Zhang Shitong，Wang Rong，et al
	来源期刊：ANGEWANDTE CHEMIE-INTERNATIONAL EDITION，2014，53（8）：2119–2123
	被引频次：181
174	论文题名：Wet Chemical Synthesis of Nitrogen-Doped Graphene Towards Oxygen Reduction Electrocatalysts without High-Temperateure Pyrolysis
	作者：Zhang Yuanjian，Fugane Keisuke，Mori Toshiyuki，et al
	来源期刊：JOURNAL OF MATERIALS CHEMISTRY，2012，22（14）：6575–6580
	被引频次：181
175	论文题名：Synergy between Twisted Conformation and Effective Intermolecular Interactions：Strategy for Efficient Mechanochromic Luminogens with High Contrast
	作者：Yuan Wang Zhang，Tan Yeqiang，Gong Yongyang，et al
	来源期刊：ADVANCED MATERIALS，2013，25（20）：2837–2843

续表

序号	论文信息
175	被引频次：180
176	论文题名：Novel DMSO-Based Electrolyte for High Performance Rechargeable Li-O−2 Batteries
	作者：Xu Dan, Wang Zhong-li, Xu Ji-jing, et al
	来源期刊：CHEMICAL COMMUNICATIONS，2012，48（55）：6948−6950
	被引频次：180
177	论文题名：Sparse Whole-Genome Sequencing Identifies Two Loci For Major Depressive Disorder
	作者：Cai Na, Bigdeli Tim B., Kretzschmar Warren, et al
	团体作者：CONVERGE Consortium
	来源期刊：NATURE，2015，523（7562）：588−591
	被引频次：179
178	论文题名：Recent Developments in Superhydrophobic Surfaces with Unique Structural and Functional Properties
	作者：Zhang Yong-Lai, Xia Hong, Kim Eunkyoung, et al
	来源期刊：SOFT MATTER，2012，8（44）：11217−11231
	被引频次：179

8.1.2 四大名刊论文

世界公认的四大名刊分别为：Cell、Nature、Science、PNAS（Proceedings of the National Academy of Sciences of the United States of America）。这 4 种出版物是国际公认的享有最高学术声誉的科技期刊。发表在四大名刊上的科技论文基本都是经过全世界范围内的知名专家层层审读、反复修改而成的高水平论文。因此，具有很强的影响力。

“十二五”期间，吉林省学者共有 64 篇科技论文分别发表在国际四大名刊中的 Nature、Science、PNAS 上。其中有 12 篇论文发表在 Nature 上；5 篇论文发表在 Science 上；47 篇论文发表在 PNAS 上。

表 8−4 中列出了 2011—2015 年吉林省学者发表在 Nature 上的论文基本信息。发表在 Nature 上的论文分别来自吉林大学、东北师范大学、自吉林农业大学、吉林省农科院、长春市精神及神经病医院及吉林省疾病预防控制中心。

表 8-4　2011—2015 年吉林省学者发表在 Nature 上的论文

序号	论文信息
1	论文题名：Repeated Polyploidization of Gossypium Genomes and the Evolution of Spinnable Cotton Fibres
	作者：Paterson Andrew H.，Wendel Jonathan F.，Gundlach Heidrun，et al
	来源期刊：NATURE，2012，492（7429）：423–427
	被引频次：418
2	论文题名：Ultrahard Nanotwinned Cubic Boron Nitride
	作者：Tian Yongjun，Xu Bo，Yu Dongli，et al
	来源期刊：NATURE，2013，493（7432）：385–388
	被引频次：233
3	论文题名：Producing More Grain with Lower Environmental Costs
	作者：Chen Xinping，Cui Zhenling，Fan Mingsheng，et al
	来源期刊：NATURE，2014，514（7523）：486–489
	被引频次：201
4	论文题名：Sparse Whole-Genome Sequencing Identifies Two Loci for Major Depressive Disorder
	作者：Cai Na，Bigdeli Tim B.，Kretzschmar Warren，et al
	团体作者：CONVERGE Consortium
	来源期刊：NATURE，2015，523（7562）：588–592
	被引频次：179
5	论文题名：Nanotwinned Diamond with Unprecedented Hardness and Stability
	作者：Huang Quan，Yu Dongli，Xu Bo，et al
	来源期刊：NATURE，2014，510（7504）：250–253
	被引频次：152
6	论文题名：Decoupling of Soil Nutrient Cycles as A Function of Aridity in Global Drylands
	作者：Delgado-Baquerizo Manuel，Maestre Fernando T，Gallardol Antonio，et al
	来源期刊：NATURE，2013，502（7473）：672–677
	被引频次：150

续表

序号	论文信息
7	论文题名：T-Cell Differentiation Factor CBF-Beta Regulates HIV−1 Vif-Mediated Evasion of Host Restriction
	作者：Zhang Wenyan, Du Juan, Evans Sean L, et al
	来源期刊：NATURE，2012，481（7381）：376−379
	被引频次：118
8	论文题名：Genetic Diversity and Evolutionary Dynamics of Ebola Virus in Sierra Leone
	作者：Tong Yigang, Shi Weifeng, Liu Di, et al
	团体作者：China Mobile Lab Testing Team
	来源期刊：NATURE，2015，524（7563）：93−U191
	被引频次：74
9	论文题名：A Jurassic Avialan Dinosaur fom China Resolves the Early Phylogenetic History of Birds
	作者：Godefroit Pascal, Cau Andrea, Hu DongYu, et al
	来源期刊：NATURE，2013，498（7454）：359−362
	被引频次：64
10	论文题名：A eudicot from the Early Cretaceous of China
	作者：Sun Ge, Dilcher David L., Wang Hongshan, et al
	来源期刊：NATURE，2011，471（7340）：625−628
	被引频次：63
11	论文题名：Controversy About Ultrahard Nanotwinned c BN Reply
	作者：Tian Yongjun, Xu Bo, Yu Dongli, et al
	来源期刊：NATURE，2013，502（7472）：E2−E3
	被引频次：4
12	论文题名：China’s Academic Autocracy Must Go
	作者：Zhao Nai zhuo
	来源期刊：NATURE，2011，477（7365）：407
	被引频次：0

表 8–5 中列出了 2011—2015 年吉林省学者发表在 Science 上的论文基本信息。发表在 Science 上的论文分别来自吉林大学、东北师范大学。

表 8–5　2011—2015 年吉林省学者发表在 Science 上的论文

序号	论文信息
1	论文题名：Plant Species Richness and Ecosystem Multifunctionality in Global Drylands
	作者：Maestre Fernando T，Quero Jose L，Gotelli Nicholas J，et al
	来源期刊：SCIENCE，2012，335（6065）：214–218 被引频次：273
2	论文题名：Artificial Muscles from Fishing Line and Sewing Thread
	作者：Haines Carter S，Lima Marcio D，Li Na，et al
	来源期刊：SCIENCE，2014，343（6173）：868–872
	被引频次：188
3	论文题名：Synthesis and Structure Determination of the Hierarchical Meso-Microporous Zeolite ITQ–43
	作者：Jiang Jiuxing，Jorda Jose L，Yu Jihong，et al
	来源期刊：SCIENCE，2011，333（6046）：1131–1134
	被引频次：185
4	论文题名：Long-Range Topological Order in Metallic Glass
	作者：Zeng Qiaoshi，Sheng Hongwei，Ding Yang，et al
	来源期刊：SCIENCE，2011，332（6036）：1404–1406
	被引频次：86
5	论文题名：Long-Range Ordered Carbon Clusters：A Crystalline Material with Amorphous Building Blocks
	作者：Wang Lin，Liu Bingbing，Li Hui，et al
	来源期刊：SCIENCE，2012，337（6096）：825–828
	被引频次：78

表 8–6 中列出了 2011—2015 年吉林省学者发表在 PNAS 上的论文基本信息。发表在 PNAS 上的论文分别来自吉林大学、中国科学院长春应用化学研究所、东北师范大学，其中包含若干篇合著论文。

表 8-6　2011—2015 年吉林省学者发表在 PNAS 上的论文

序号	论文信息
1	论文题名：Superconductive Sodalite-Like Clathrate Calcium Hydride at High Pressures
	作者：Wang Hui，Tse John S，Tanaka Kaori，et al
	来源期刊：PNAS，2012，109（17）：6463−6466
	被引频次：167
2	论文题名：Discovery of beta-Arrestin-Biased Dopamine D-2 Ligands for Probing Signal Transduction Pathways Essential for Antipsychotic Efficacy
	作者：Allen John A，Yost Julianne M，Setola Vincent，et al
	来源期刊：PNAS，2011，108（45）：18488−18493
	被引频次：156
3	论文题名：Quantifying the Waddington Landscape and Biological Paths for Development and Differentiation
	作者：Wang Jin，Zhang Kun，Xu Li，et al
	来源期刊：PNAS，2011，108（20）：8257−8262
	被引频次：133
4	论文题名：Direct Evidence of Quantum Transport in Photosynthetic Light-Harvesting Complexes
	作者：Panitchayangkoon Gitt，Voronine Dmitri V，Abramavicius Darius，et al
	来源期刊：PNAS，2011，108（52）：20908−20912
	被引频次：129
5	论文题名：Interplay of mevalonate and Hippo pathways regulates RHAMM transcription via YAP to modulate breast cancer cell motility
	作者：Wang Zhongyuan，Wu Yanping，Wang Haifeng，et al
	来源期刊：PNAS，2014，111（1）：E89−E98
	被引频次：96
6	论文题名：Functional genomic screening identifies dual leucine zipper kinase as a key mediator of retinal ganglion cell death
	作者：Welsbie Derek S，Yang Zhiyong，Ge Yan，et al
	来源期刊：PNAS，2013，110（10）：4045−4050
	被引频次：82
7	论文题名：Spiral Chain O−4 form of Dense Oxygen
	作者：Zhu Li，Wang Ziwei，Wang Yanchao，et al
	来源期刊：PNAS，2012，109（3）：751−753

续表

序号	论文信息
7	被引频次：76
8	论文题名：Spectroscopic Evidence for Fermi Liquid-Like Energy and Temperature Dependence of the Relaxation Rate in the Pseudogap Phase of the Cuprates
	作者：Mirzaei Seyed Iman，Stricker Damien，Hancock Jason N，et al
	来源期刊：PNAS，2013，110（15）：5774–5778
	被引频次：64
9	论文题名：Increasing Aridity Reduces Soil Microbial Diversity and Abundance in Global Drylands
	作者：Maestre Fernando T，Delgado-Baquerizo Manuel，Jeffries Thomas C，et al
	来源期刊：PNAS，2015,112（51）：15684–15689
	被引频次：62
10	论文题名：Multiscaled Exploration of Coupled Folding and Binding of an Intrinsically Disordered Molecular Recognition Element in Measles Virus Nucleoprotein
	作者：Wang Yong，Chu Xiakun，Longhi Sonia，et al
	来源期刊：PNAS，2013，110（40）：E3743–E3752
	被引频次：58
11	论文题名：Universal Sheet Resistance and Revised Phase Diagram of the Cuprate High-Temperature Superconductors
	作者：Barisic Neven，Chan Mun K，Li Yuan，et al
	来源期刊：PNAS，2013，110（30）：12235–12240
	被引频次：55
12	论文题名：Persistent Whole-Chromosome Aneuploidy is Generally Associated with Nascent Allohexaploid Wheat
	作者：Zhang Huakun，Bian Yao，Gou Xiaowan，et al
	来源期刊：PNAS，2013，110（9）：3447–3452
	被引频次：55
13	论文题名：Microrna–224 Promotes Tumor Progression in Nonsmall Cell Lung Cancer
	作者：Cui Ri，Meng Wei，Sun Hui-Lung，et al
	来源期刊：PNAS，2015，112（31）：E4288–E4297
	被引频次：44
14	论文题名：Beta Structure Motifs of Islet Amyloid Polypeptides Identified Through Surface-Mediated Assemblies

续表

序号	论文信息
14	作者：Mao Xiao-Bo，Wang Chen-Xuan，Wu Xing-Kui，et al
	来源期刊：PNAS，2011，108（49）：19605–19610
	被引频次：44
15	论文题名：Ambient Noise Induces Independent Shifts in Call Frequency and Amplitude within the Lombard Effect in Echolocating Bats
	作者：Hage Steffen R，Jiang Tinglei，Berquist Sean W，et al
	来源期刊：PNAS，2013，110（10）：4063–4068
	被引频次：39
16	论文题名：Evolution of Physiological Responses to Salt Stress in Hexaploid Wheat
	作者：Yang Chunwu，Zhao Long，Zhang Huakun，et al
	来源期刊：PNAS，2014，111（32）：11882–11887
	被引频次：36
17	论文题名：Rhodium Dihydride（Rhh2）with High Volumetric Hydrogen Density
	作者：Li Bing，Ding Yang，Kim Duck Young，et al
	来源期刊：PNAS，2011，108（46）：18618–18621
	被引频次：36
18	论文题名：Mutation of A Major CG Methylase in Rice Causes Genome-Wide Hypomethylation，Dysregulated Genome Expression，and Seedling Lethality
	作者：Hu Lanjuan，Li Ning，Xu Chunming，et al
	来源期刊：PNAS，2014，111（29）：10642–10647
	被引频次：35
19	论文题名：Nonseed Plant Selaginella Moellendorfii Has both Seed Plant and Microbial Types of Terpene Synthases
	作者：Li Guanglin，Koellner Tobias G，Yin Yanbin，et al
	来源期刊：PNAS，2012，109（36）：14711–14715
	被引频次：35
20	论文题名：Mutation of A Major CG Methylase in Rice Causes Genome-Wide Early Holocene Chicken Domestication in Northern China
	作者：Xiang Hai，Gao Jianqiang，Yu Baoquan，et al
	来源期刊：PNAS，2014，111（49）：17564–17569
	被引频次：33

续表

序号	论文信息
21	论文题名：Mutation of A Major CG Methylase in Rice Causes Genome-Wide Intrinsic Karyotype Stability and Gene Copy Number Variations May Have Laid the Foundation for Tetraploid Wheat Formation
	作者：Zhang Huakun，Bian Yao，Gou Xiaowan，et al
	来源期刊：PNAS，2013，110（48）：19466—19471
	被引频次：30
22	论文题名：Mutation of A Major CG Methylase in Rice Causes Genome-Wide Pathogenic Role of Diabetes-Induced PPAR-Alpha Down-Regulation in Microvascular Dysfunction
	作者：Hu Yang，Chen Ying，Ding Lexi，et al
	来源期刊：PNAS，2013，110（38）：15401—15406
	被引频次：30
23	论文题名：Mutation of A Major CG Methylase in Rice Causes Genome-Wide Preimplantation Factor Promotes Neuroprotection by Targeting Microrna Let—7
	作者：Mueller Martin，Zhou Jichun，Yang Lihua，et al
	来源期刊：PNAS，2014，111（38）：13882—13887 被引频次：29
24	论文题名：Mutation of A Major CG Methylase in Rice Causes Genome-Wide Structural Genes of Wheat and Barley 5—Methylcytosine DNA Glycosylases and Their Potential Applications for Human Health
	作者：Wen Shanshan，Wen Nuan，Pang Jinsong，et al
	来源期刊：PNAS，2012，109（50）：20543—20548 被引频次：29
25	论文题名：Mutation of A Major CG Methylase in Rice Causes Genome-Wide Shear-Induced Phase Transition of Nanocrystalline Hexagonal Boron Nitride to Wurtzitic Structure at Room Temperature and Lower Pressure
	作者：Ji Cheng，Levitas Valery I，Zhu Hongyang，et al
	来源期刊：PNAS，2012，109（47）：19108—19112
	被引频次：29
26	论文题名：Mutation of A Major CG Methylase in Rice Causes Genome-Wide Quantifying the Topography of the Intrinsic Energy Landscape of Flexible Biomolecular Recognition
	作者：Chu Xiakun，Gan Linfeng，Wang Erkang，et al
	来源期刊：PNAS，2013，110（26）：E2342—E2351
	被引频次：28
27	论文题名：Mutation of A Major CG Methylase in Rice Causes Genome-Wide Tumor-Specific IL—9—Producing CD8（+）Tc9 Cells Are Superior Effector than Type-I Cytotoxic Tc1 Cells for Adoptive Immunotherapy of Cancers

续表

序号	论文信息
27	作者：Lu Yong，Hong Bangxing，Li Haiyan，et al
	来源期刊：PNAS，2014，111（6）：2265–2270
	被引频次：27
28	论文题名：Mutation of A Major CG Methylase in Rice Causes Genome-Wide Tumor-Specific IL–9–Producing CD8（+）Tc9 Cells are Superior Rare Earth Elements Activate Endocytosis in Plant Cells
	作者：Wang Lihong，Li Jigang，Zhou Qing，et al
	来源期刊：PNAS，2014，111（35）：12936–12941
	被引频次：23
29	论文题名：Mutation of A Major CG Methylase in Rice Causes Genome-Wide Tumor-Specific IL–9–Producing CD8（+）Tc9 Cells are Superior Topography of Funneled Landscapes Determines the Thermodynamics and Kinetics of Protein Folding
	作者：Wang Jin，Oliveira Ronaldo J，Chu Xiakun，et al
	来源期刊：PNAS，2012，109（39）：15763–15768
	被引频次：23
30	论文题名：Mutation of A Major CG Methylase in Rice Causes Genome-Wide Tumor-Specific IL–9–Producing CD8（+）Tc9 Cells are Superior Landscape and Flux Reveal A New Global View and Physical Quantification of Mammalian Cell Cycle
	作者：Li Chunhe，Wang Jin
	来源期刊：PNAS，2014，111（39）：14130–14135
	被引频次：22
31	论文题名：Mutation of A Major CG Methylase in Rice Causes Genome-Wide Tumor-Specific IL–9–Producing CD8（+）Tc9 Cells are Superior Nucleic Acid-Containing Amyloid Fibrils Potently Induce Type I Interferon and Stimulate Systemic Autoimmunity
	作者：Di Domizio Jeremy，Dorta-Estremera Stephanie，Gagea Mihai，et al
	来源期刊：PNAS，2012，109（36）：14550–14555
	被引频次：21
32	论文题名：Mutation of A Major CG Methylase in Rice Causes Genome-Wide Tumor-Specific IL–9–Producing CD8（+）Tc9 Cells are Superior Pressure Tunes Electrical Resistivity by Four Orders of Magnitude in Amorphous $Ge_2Sb_2Te_5$ Phase-Change Memory Alloy
	作者：Xu M，Cheng Y Q，Wang L，et al
	来源期刊：PNAS，2012，109（18）：E1055–E1062
	被引频次：19

续表

序号	论文信息
33	论文题名：Mutation of A Major CG Methylase in Rice Causes Genome-Wide Tumor-Specific IL−9−Producing CD8（+）Tc9 Cells are Superior Trp Triad-Dependent Rapid Photoreduction is Not Required for the Function of Arabidopsis CRY1
	作者：Gao Jie，Wang Xu，Zhang Meng，et al
	来源期刊：PNAS，2015，112（29）：9135−9140
	被引频次：18
34	论文题名：Mutation of A Major CG Methylase in Rice Causes Genome-Wide Tumor-Specific IL−9−Producing CD8（+）Tc9 Cells are Superior Dysfunctional Conformational Dynamics of Protein Kinase A Induced by A Lethal Mutant of Phospholamban Hinder Phosphorylation
	作者：Kim Jonggul，Masterson Larry R，Cembran Alessandro，et al
	来源期刊：PNAS，2015，112（12）：3716−3721
	被引频次：18
35	论文题名：Mutation of A Major CG Methylase in Rice Causes Genome-Wide Tumor-Specific IL−9−Producing CD8（+）Tc9 Cells are Superior Eddy Current and Coupled Landscapes for Nonadiabatic and Nonequilibrium Complex System Dynamics
	作者：Zhang Kun，Sasai Masaki，Wang Jin
	来源期刊：PNAS，2013，110（37）：14930−14935
	被引频次：17
36	论文题名：Mutation of A Major CG Methylase in Rice Causes Genome-Wide Tumor-Specific IL−9−Producing CD8（+）Tc9 Cells are Superior Nonequilibrium Landscape Theory of Neural Networks
	作者：Yan Han，Zhao Lei，Hu Liang，et al
	来源期刊：PNAS，2013，110（45）：E4185−E4194
	被引频次：15
37	论文题名：Mutation of A Major CG Methylase in Rice Causes Genome-Wide Tumor-Specific IL−9−Producing CD8（+）Tc9 Cells are Superior Superresolution Fluorescence Mapping of Single-Nanoparticle Catalysts Reveals Spatiotemporal Variations in Surface Reactivity
	作者：Zhang Yuwei，Lucas J Matthew，Song Ping，et al
	来源期刊：PNAS，2015，112（29）：8959−8964
	被引频次：14
38	论文题名：Mutation of A Major CG Methylase in Rice Causes Genome-Wide Tumor-Specific IL−9−Producing CD8（+）Tc9 Cells are Superior Direct Evidence that Suspensor Cells Have Embryogenic Potential that is Suppressed by the Embryo Proper During Normal Embryogenesis
	作者：Liu Yuan，Li Xinbo，Zhao Jing，et al

续表

序号	论文信息
38	来源期刊：PNAS，2015，112（40）：12432−12437
	被引频次：12
39	论文题名：Mutation of A Major CG Methylase in Rice Causes Genome-Wide Tumor-Specific IL−9−Producing CD8（+）Tc9 Cells are Superior Calcium with the Beta-Tin Structure at High Pressure and Low Temperature
	作者：Li Bing，Ding Yang，Yang Wenge，et al
	来源期刊：PNAS，2012，109（41）：16459−16462
	被引频次：12
40	论文题名：Mutation of A Major CG Methylase in Rice Causes Genome-Wide Tumor-Specific IL−9−Producing CD8（+）Tc9 Cells are Superior Time-Variant Clustering Model for Understanding Cell Fate Decisions
	作者：Huang Wei，Cao Xiaoyi，Biase Fernando H，et al
	来源期刊：PNAS，2014，111（44）：E4797−E4806
	被引频次：8
41	论文题名：Mutation of A Major CG Methylase in Rice Causes Genome-Wide Tumor-Specific IL−9−Producing CD8（+）Tc9 Cells are Superior Accounting for Inhomogeneous Broadening in Nano-Optics by Electromagnetic Modeling Based on Monte Carlo Methods
	作者：Gudjonson Herman，Kats Mikhail A，Liu Kun，et al
	来源期刊：PNAS，2014，111（6）：E639−E644
	被引频次：8
42	论文题名：Mutation of A Major CG Methylase in Rice Causes Genome-Wide Tumor-Specific IL−9−Producing CD8（+）Tc9 Cells are Superior Inositol Hexakisphosphate Suppresses Excitatory Neurotransmission Via Synaptotagmin−1 C2B Domain in the Hippocampal Neuron
	作者：Yang Shao-Nian，Shi Yue，Yang Guang，et al
	来源期刊：PNAS，2012，109（30）：12183−12188
	被引频次：7
43	论文题名：Investigating the Role of A Backbone to Substrate Hydrogen Bond in OMP Decarboxylase Using A Site-Specific Amide to Ester Substitution
	作者：Desai Bijoy J，Goto Yuki，Cembran Alessandro，et al
	来源期刊：PNAS，2014，111（42）：15066−15071
	被引频次：6
44	论文题名：Anomalous Anisotropic Compression Behavior of Superconducting Cras under High Pressure

续表

序号	论文信息
44	作者：Yu Zhenhai，Wu Wei，Hu Qingyang，et al
	来源期刊：PNAS，2015，112（48）：14766–14770
	被引频次：4
45	论文题名：Reply to Jensen and Blackledge：Dual Quantifications of Intrinsically Disordered Proteins by NMR Ensembles and Molecular Dynamics Simulations
	作者：Wang Yong，Longhi Sonia，Roche Philippe，et al
	来源期刊：PNAS，2014，111（16）：E1559–E1559
	被引频次：3
46	论文题名：A Promising Approach to Molecular Counting Problem in Superresolution Microscopy
	作者：Wang Jin
	来源期刊：PNAS，2015，112（2）：304–305
	被引频次：1
47	论文题名：Direct Evidence that Suspensor Cells Have Embryogenic Potential that is Suppressed by the Embryo Proper During Normal Embryogenesis
	作者：Liu Yuan，Li Xinbo，Zhao Jing，et al
	来源期刊：PNAS，2015，112（44）：E6078–E6078
	被引频次：0

8.1.3 热点论文

热点论文主要是指在近 2 年内发表，并且在 2017 年 12 月内收到的引用次数是其学术领域中最优秀的 0.1% 之列的论文。2011—2015 年吉林省学者发表的国际论文中有 2 篇热点论文。分别为发表在 PNAS 第 112 卷，51 期上，题名为“Increasing Aridity Reduces Soil Microbial Diversity and Abundance”的科技论文和发表在 JOURNAL OF THE AMERICAN CHEMICAL SOCIETY 第 137 卷，44 期上，题名为“High-Index Faceted Ni_3S_2 Nanosheet Arrays as Highly Active and Ultrastable Electrocatalysts for Water Splitting”的科技论文。

其中，PNAS 5 年影响因子为 10.414；JOURNAL OF THE AMERICAN CHEMICAL SOCIETY（美国化学学会）期刊 5 年影响因子为 12.969。这 2 篇文章分别来自环境科学生态学领域和化学领域，说明在“十二五”期间这 2 个领域比较热门。

8.2 国内论文

8.2.1 高被引论文

H 指数代表高引用次数。2011—2015 年吉林省学者发表的全部国内科技论文的 H 指数为 108。而在此期间，满足 H 指数的吉林省科技论文共有 110 篇。表 8–7 所示为满足 H 指数的高被引论文。

表 8–7 2011—2015 年吉林省学者发表的满足 H 指数的国内高被引论文

序号	论文信息
1	论文题名：翻转课堂教学模型的设计——基于国内外典型案例分析
	作者：王红，赵蔚，孙立会，等 来源期刊：现代教育技术，2013（8）
	被引频次：812 他引频次：809
2	论文题名：面向物联网的无线传感器网络综述
	作者：钱志鸿，王义君 来源期刊：电子与信息学报，2013（1）
	被引频次：758 他引频次：750
3	论文题名：物联网技术与应用研究
	作者：钱志鸿，王义君 来源期刊：电子学报，2012（5）
	被引频次：462 他引频次：454
4	论文题名：翻转课堂及其在大学英语教学中的应用
	作者：崔艳辉，王轶 来源期刊：中国电化教育，2014（11）
	被引频次：426 他引频次：426
5	论文题名：20 世纪 80 年代末以来中国土地利用变化的基本特征与空间格局
	作者：刘纪远，匡文慧，张增祥，等 来源期刊：地理学报，2014（1）
	被引频次：423 他引频次：403
6	论文题名：多目标优化问题的研究概述

续表

序号	论文信息
6	作者：肖晓伟，肖迪，林锦国，等 来源期刊：计算机应用研究，2011（3）
	被引频次：395 他引频次：395
7	论文题名：中国新型城镇化理论与实践问题
	作者：姚士谋，张平宇，余成，等 来源期刊：地理科学，2014（6）
	被引频次：389 他引频次：376
8	论文题名：第三次中国城市儿童哮喘流行病学调查
	作者：刘传合，洪建国，尚云晓，等 来源期刊：中华儿科杂志，2013（10）
	被引频次：384 他引频次：340
9	论文题名：中国人骨质疏松症诊断标准专家共识（第三稿·2014 版）
	作者：张智海，刘忠厚，李娜，等 来源期刊：中国骨质疏松杂志，2014（9）
	被引频次：365 他引频次：355
10	论文题名：资源整合过程、动态能力与竞争优势：机理与路径
	作者：董保宝，葛宝山，王侃 来源期刊：管理世界，2011（3）
	被引频次：307 他引频次：297
11	论文题名：微信支持下的混合式学习研究——以“摄影基本技术”课程为例
	作者：袁磊，陈晓慧，张艳丽 来源期刊：中国电化教育，2012（7）
	被引频次：291 他引频次：285
12	论文题名：大数据流式计算：关键技术及系统实例
	作者：孙大为，张广艳，郑纬民 来源期刊：软件学报，2014（4）
	被引频次：283 他引频次：282

续表

序号	论文信息
13	论文题名：大数据视角分析学习变革——美国《通过教育数据挖掘和学习分析促进教与学》报告解读及启示
	作者：徐鹏，王以宁，刘艳华，等 来源期刊：远程教育杂志，2013（6）
	被引频次：279 他引频次：275
14	论文题名：消纳大规模风电的多时间尺度协调的有功调度系统设计
	作者：张伯明，吴文传，郑太一，等 来源期刊：电力系统自动化，2011（1）
	被引频次：277 他引频次：265
15	论文题名：浅谈 SQL Server 数据库的特点和基本功能
	作者：闫旭 来源期刊：价值工程，2012（22）
	被引频次：271 他引频次：271
16	论文题名：中国东北中生代构造体制与区域成矿背景：来自中生代火山岩组合时空变化的制约
	作者：许文良，王枫，裴福萍，等 来源期刊：岩石学报，2013（2） 被引频次：263 他引频次：252
17	论文题名：微课程研究与发展趋势系统化分析
	作者：姜玉莲 来源期刊：中国远程教育，2013（12）
	被引频次：256 他引频次：256
18	论文题名：用于风电功率平抑的混合储能系统及其控制系统设计
	作者：于芃，周玮，孙辉，等 来源期刊：中国电机工程学报，2011（17）
	被引频次：242 他引频次：241
19	论文题名：基于翻转课堂的化学实验教学模式及支撑系统研究
	作者：徐妲，钟绍春，马相春 来源期刊：远程教育杂志，2013（5）

续表

<table>
<tr><th>序号</th><th>论文信息</th></tr>
<tr><td>19</td><td>被引频次：242
他引频次：240</td></tr>
<tr><td rowspan="3">20</td><td>论文题名：MOOC 热的冷思考——国际上对 MOOCs 课程教学六大问题的审思</td></tr>
<tr><td>作者：高地
来源期刊：远程教育杂志，2014（2）</td></tr>
<tr><td>被引频次：238
他引频次：237</td></tr>
<tr><td rowspan="3">21</td><td>论文题名：微型学习视频的设计研究</td></tr>
<tr><td>作者：郑军，王以宁，王凯玲，等
来源期刊：中国电化教育，2012（4）</td></tr>
<tr><td>被引频次：233
他引频次：232</td></tr>
<tr><td rowspan="3">22</td><td>论文题名：基于 Ajax，Struts，Hibernate 和 Spring 的 J2EE 架构</td></tr>
<tr><td>作者：李洋，孙永维，许冰，等
来源期刊：吉林大学学报（信息科学版），2011（6）</td></tr>
<tr><td>被引频次：230
他引频次：230</td></tr>
<tr><td rowspan="3">23</td><td>论文题名：论美国影子银行体系的发展、运作、影响及监管</td></tr>
<tr><td>作者：王达
来源期刊：国际金融研究，2012（1）</td></tr>
<tr><td>被引频次：224
他引频次：218</td></tr>
<tr><td rowspan="3">24</td><td>论文题名：美国互联网金融的发展及中美互联网金融的比较——基于网络经济学视角的研究与思考</td></tr>
<tr><td>作者：王达
来源期刊：国际金融研究，2014（12）</td></tr>
<tr><td>被引频次：214
他引频次：214</td></tr>
<tr><td rowspan="3">25</td><td>论文题名：碳纤维复合材料在航天领域的应用</td></tr>
<tr><td>作者：李威，郭权锋
来源期刊：中国光学，2011（3）</td></tr>
<tr><td>被引频次：213
他引频次：213</td></tr>
</table>

续表

序号	论文信息
26	论文题名：微课设计和应用的关键问题思考
	作者：钟绍春，张琢，唐烨伟 来源期刊：中国电化教育，2014（12）
	被引频次：210 他引频次：210
27	论文题名：中国人口老龄化现状分析
	作者：黄毅，佟晓光 来源期刊：中国老年学杂志，2012（21）
	被引频次：206 他引频次：206
28	论文题名：微电网平滑切换控制方法及策略
	作者：郑竞宏，王燕廷，李兴旺，等 来源期刊：电力系统自动化，2011（18）
	被引频次：204 他引频次：203
29	论文题名：我国跨境电子商务物流现状及运作模式
	作者：张滨，刘小军，陶章 来源期刊：中国流通经济，2015（1）
	被引频次：204 他引频次：203
30	论文题名：我国高校创业教育与创新型人才培养研究
	作者：杨晓慧 来源期刊：中国高教研究，2015（1）
	被引频次：201 他引频次：201
31	论文题名：微信传播模式探析
	作者：单晓彤 来源期刊：新闻世界，2013（2）
	被引频次：184 他引频次：184
32	论文题名：数控机床可靠性技术的研究进展
	作者：杨兆军，陈传海，陈菲，等 来源期刊：机械工程学报，2013（20）

续表

序号	论文信息
32	被引频次：176 他引频次：168
33	论文题名：创新创业教育与专业教育的深度融合
	作者：刘艳，闫国栋，孟威，等 来源期刊：中国大学教学，2014（11）
	被引频次：176 他引频次：164
34	论文题名：关于数学核心素养的几个问题
	作者：马云鹏 来源期刊：课程·教材·教法，2015（9）
	被引频次：176 他引频次：174
35	论文题名：技术支持的基于创造的学习——美国中小学创客教育的内涵、特征与实施路径
	作者：郑燕林，李卢一 来源期刊：开放教育研究，2014（6）
	被引频次：175 他引频次：171
36	论文题名：推荐算法综述
	作者：杨博，赵鹏飞 来源期刊：山西大学学报（自然科学版），2011（3）
	被引频次：174 他引频次：173
37	论文题名：生物质炭结构性质及其对土壤有效养分和腐殖质组成的影响
	作者：周桂玉，窦森，刘世杰 来源期刊：农业环境科学学报，2011（10）
	被引频次：171 他引频次：167
38	论文题名：卫生部全国细菌耐药监测网（Mohnarin）2011—2012 年革兰阴性菌耐药监测报告
	作者：李耘，吕媛，薛峰，等 来源期刊：中国临床药理学杂志，2014（3）
	被引频次：170 他引频次：154
39	论文题名：中国儿童慢性咳嗽病因构成比多中心研究

续表

序号	论文信息
39	作者：袁东，唐素萍，陈强，等 来源期刊：中华儿科杂志，2012（2）
	被引频次：169 他引频次：153
40	论文题名：风电功率波动的时空分布特性
	作者：崔杨，穆钢，刘玉，等 来源期刊：电网技术，2011（2）
	被引频次：167 他引频次：157
41	论文题名：对赌协议的法律构造与定性观察
	作者：傅穹 来源期刊：政法论丛，2011（6）
	被引频次：165 他引频次：165
42	论文题名：基于大数据的个性化自适应在线学习分析模型及实现
	作者：姜强，赵蔚，王朋娇，等 来源期刊：中国电化教育，2015（1）
	被引频次：163 他引频次：154
43	论文题名："广谱式"创新创业教育的体系架构与理论价值
	作者：王占仁 来源期刊：教育研究，2015（5）
	被引频次：162 他引频次：162
44	论文题名：基于遗传支持向量机和灰色人工免疫算法的电力变压器故障诊断
	作者：郑蕊蕊，赵继印，赵婷婷，等 来源期刊：中国电机工程学报，2011（7）
	被引频次：158 他引频次：157
45	论文题名：土壤团聚体中有机质研究进展
	作者：窦森，李凯，关松 来源期刊：土壤学报，2011（2）
	被引频次：157 他引频次：155

续表

序号	论文信息
46	论文题名：刑事庭前会议制度探析
	作者：闵春雷，贾志强 来源期刊：中国刑事法杂志，2013（3）
	被引频次：157 他引频次：154
47	论文题名：原发性肺癌诊疗规范（2011 年版）
	作者：支修益，吴一龙，马胜林，等 来源期刊：中国肺癌杂志，2012（12）
	被引频次：155 他引频次：151
48	论文题名：微课程视频制作中的注意引导设计
	作者：张晓君，李东哲，陈雷 来源期刊：现代教育技术，2013（8）
	被引频次：152 他引频次：148
49	论文题名：“一带一路”与中国地缘政治经济战略的重构
	作者：李晓，李俊久 来源期刊：世界经济与政治，2015（10）
	被引频次：152 他引频次：151
50	论文题名：含多种分布式电源的微电网控制策略
	作者：王鹤，李国庆 来源期刊：电力自动化设备，2012（5）
	被引频次：151 他引频次：150
51	论文题名：微课开发与应用研究
	作者：李婉嘉，徐晶 来源期刊：软件导刊，2013（11）
	被引频次：149 他引频次：149
52	论文题名：当代中国决策体制的形成与变革
	作者：周光辉 来源期刊：中国社会科学，2011（3）

续表

序号	论文信息
52	被引频次：148 他引频次：148
53	论文题名：蓝牙技术数据传输综述
	作者：钱志鸿，刘丹 来源期刊：通信学报，2012（4）
	被引频次：148 他引频次：146
54	论文题名：基于“微课”本体特征的教学行为设计与实践反思
	作者：刘红霞，赵蔚，陈雷 来源期刊：现代教育技术，2014（2）
	被引频次：146 他引频次：146
55	论文题名：创业网络特征对资源获取的动态影响——基于中国转型经济的证据
	作者：朱秀梅，李明芳 来源期刊：管理世界，2011（6）
	被引频次：141 他引频次：141
56	论文题名：农村学校布局调整的十年走势与政策议题
	作者：邬志辉，史宁中 来源期刊：教育研究，2011（7）
	被引频次：141 他引频次：135
57	论文题名：甘草的主要成分及其药理作用的研究进展
	作者：王兵，王亚新，赵红燕，等 来源期刊：吉林医药学院学报，2013（3）
	被引频次：141 他引频次：141
58	论文题名：基于虚拟化技术的云计算平台架构研究
	作者：李刚健 来源期刊：吉林建筑工程学院学报，2011（1）
	被引频次：140 他引频次：140
59	论文题名：小波阈值去噪法的深入研究

续表

序号	论文信息
59	作者：陈晓曦，王延杰，刘恋 来源期刊：激光与红外，2012（1）
	被引频次：139 他引频次：139
60	论文题名：地方本科高校转型发展的问题与应对
	作者：曲殿彬，赵玉石 来源期刊：中国高等教育，2014（12）
	被引频次：139 他引频次：139
61	论文题名：基于层次分析法的模糊综合评价在水质评价中的应用
	作者：卢文喜，李迪，张蕾，等 来源期刊：节水灌溉，2011（3）
	被引频次：138 他引频次：138
62	论文题名：中国 1998 年至 2007 年临床确诊的肺真菌病患者的多中心回顾性调查
	作者：刘又宁，佘丹阳，孙铁英，等 来源期刊：中华结核和呼吸杂志，2011（2）
	被引频次：138 他引频次：126
63	论文题名：政府购买公共服务法律规制的问题与对策——以深圳市政府购买社工服务为例
	作者：李海平 来源期刊：国家行政学院学报，2011（5）
	被引频次：137 他引频次：137
64	论文题名：时空数据挖掘研究进展
	作者：刘大有，陈慧灵，齐红，等 来源期刊：计算机研究与发展，2013（2）
	被引频次：137 他引频次：137
65	论文题名：满洲里地区灵泉盆地中生代火山岩的锆石 U-Pb 年代学、地球化学及其地质意义
	作者：孟恩，许文良，杨德彬，等 来源期刊：岩石学报，2011（4）
	被引频次：136 他引频次：125

续表

序号	论文信息
66	论文题名：党参的药理作用及临床应用
	作者：元艺兰 来源期刊：中国中医药现代远程教育，2012（19）
	被引频次：136 他引频次：136
67	论文题名：中国能源消费碳排放强度及其影响因素的空间计量
	作者：程叶青，王哲野，张守志，等 来源期刊：地理学报，2013（10）
	被引频次：135 他引频次：133
68	论文题名：抗坏血酸清除 DPPH 自由基的作用机理
	作者：李铉军，崔胜云 来源期刊：食品科学，2011（1）
	被引频次：134 他引频次：134
69	论文题名：应用型人才培养的定位问题及模式探析
	作者：张德江 来源期刊：中国高等教育，2011（18）
	被引频次：134 他引频次：134
70	论文题名：慕课背景下高职英语教学改革初探
	作者：霍红，刘妍 来源期刊：职业技术教育，2014（8）
	被引频次：133 他引频次：133
71	论文题名：高校创新创业教育观念变革的整体构想
	作者：王占仁 来源期刊：中国高教研究，2015（7）
	被引频次：133 他引频次：133
72	论文题名：全面推进法制改革，加快法治中国建设——十八届三中全会精神的法学解读
	作者：张文显 来源期刊：法制与社会发展，2014（1）

续表

序号	论文信息
72	被引频次：132 他引频次：132
73	论文题名：自适应最小误差阈值分割算法
	作者：龙建武，申铉京，陈海鹏 来源期刊：自动化学报，2012（7）
	被引频次：131 他引频次：129
74	论文题名：汽车控制的研究现状与展望
	作者：陈虹，宫洵，胡云峰，等 来源期刊：自动化学报，2013（4）
	被引频次：130 他引频次：126
75	论文题名：工业机器人发展现状与趋势
	作者：孙志杰，王善军，张雪鑫 来源期刊：吉林工程技术师范学院学报，2011（7）
	被引频次：128 他引频次：128
76	论文题名：美国图书馆创客空间实践对我国的借鉴研究
	作者：王敏，徐宽 来源期刊：图书情报工作，2013（12）
	被引频次：128 他引频次：127
77	论文题名：3D 打印技术制备生物医用高分子材料的研究进展
	作者：贺超良，汤朝晖，田华雨，等 来源期刊：高分子学报，2013（6）
	被引频次：128 他引频次：128
78	论文题名：承包权与经营权分置的法构造
	作者：蔡立东，姜楠 来源期刊：法学研究，2015（3）
	被引频次：127 他引频次：125
79	论文题名：气候变化对水循环与水资源的影响研究综述

续表

序号	论文信息
79	作者：李峰平，章光新，董李勤 来源期刊：地理科学，2013（4）
	被引频次：126 他引频次：125
80	论文题名：基础设施、空间溢出与区域全要素生产率——基于中国 266 个城市空间面板杜宾模型的经验研究
	作者：张浩然，衣保中 来源期刊：经济学家，2012（2）
	被引频次：126 他引频次：125
81	论文题名：城市社会管理网格化模式的定位及其未来
	作者：田毅鹏 来源期刊：学习与探索，2012（2）
	被引频次：125 他引频次：123
82	论文题名：中国青少年课外体育锻炼现状及影响因素研究报告
	作者：章建成，张绍礼，罗炯，等 来源期刊：体育科学，2012（11）
	被引频次：124 他引频次：121
83	论文题名：中学英语课堂教师反馈语的类型与特征研究
	作者：林正军，周沙 来源期刊：外语教学理论与实践，2011（3）
	被引频次：123 他引频次：123
84	论文题名：中国情境下的创业研究：回顾与展望
	作者：蔡莉，单标安 来源期刊：管理世界，2013（12）
	被引频次：122 他引频次：110
85	论文题名：我国人口老龄化对经济社会的宏观和微观影响研究
	作者：杨雪，侯力 来源期刊：人口学刊，2011（4）

续表

序号	论文信息
85	被引频次：121 他引频次：121
86	论文题名：基于 DEA 方法的吉林省高技术企业创新效率研究
	作者：赵树宽，余海晴，巩顺龙 来源期刊：科研管理，2013（2）
	被引频次：121 他引频次：120
87	论文题名：生物炭理化性质及对土壤改良效果的研究进展
	作者：张千丰，王光华 来源期刊：土壤与作物，2012（4）
	被引频次：119 他引频次：119
88	论文题名：小兴安岭－张广才岭成矿带斑岩型钼矿床岩石地球化学特征及其年代学研究
	作者：杨言辰，韩世炯，孙德有，等 来源期刊：岩石学报，2012（2）
	被引频次：119 他引频次：112
89	论文题名：美国高校实施创客教育的路径分析
	作者：郑燕林 来源期刊：开放教育研究，2015（3）
	被引频次：119 他引频次：119
90	论文题名：干旱监测与评价技术的发展及其科学挑战
	作者：张强，张良，崔显成，等 来源期刊：地球科学进展，2011（7）
	被引频次：118 他引频次：96
91	论文题名：空间激光通信研究现状及发展趋势
	作者：付强，姜会林，王晓曼，等 来源期刊：中国光学，2012（2）
	被引频次：118 他引频次：114
92	论文题名：大规模风光互补发电系统建模与运行特性研究

续表

序号	论文信息
92	作者：蔡国伟，孔令国，杨德友，等 来源期刊：电网技术，2012（1）
	被引频次：118 他引频次：111
93	论文题目：双精英协同进化遗传算法
	作者：刘全，王晓燕，傅启明，等 来源期刊：软件学报，2012（4）
	被引频次：116 他引频次：116
94	论文题名：鄂尔多斯盆地构造演化及古地理特征研究进展
	作者：赵振宇，郭彦如，王艳，等 来源期刊：特种油气藏，2012（5）
	被引频次：116 他引频次：114
95	论文题名：风电功率预测技术综述
	作者：王健，严干贵，宋薇，等 来源期刊：东北电力大学学报，2011（3）
	被引频次：115 他引频次：108
96	论文题名：我国深部探测技术与实验研究进展综述
	作者：董树文，李廷栋，陈宣华，等 来源期刊：地球物理学报，2012（12）
	被引频次：115 他引频次：105
97	论文题名：基于模糊层次分析法的汽车操纵稳定性主观评价指标权重确定方法
	作者：王化吉，宗长富，管欣，等 来源期刊：机械工程学报，2011（24）
	被引频次：114 他引频次：114
98	论文题名：阿托伐他汀联合曲美他嗪治疗冠心病的疗效
	作者：刘兵，杨春梅，张立，等 来源期刊：中国老年学杂志，2013（23）
	被引频次：114 他引频次：114

续表

序号	论文信息
99	论文题名：其他综合收益的列报与披露——基于上市公司 2009 年年度财务报告的分析
	作者：毛志宏，王鹏，季丰 来源期刊：会计研究，2011（7）
	被引频次：113 他引频次：112
100	论文题名：重症肌无力诊断和治疗中国专家共识
	作者：中国免疫学会神经免疫学分会，中华医学会神经病学分会神经免疫学组 来源期刊：中国神经免疫学和神经病学杂志，2012（6）
	被引频次：113 他引频次：113
101	论文题名：北京市人口－经济－空间城市化耦合协调性分析
	作者：孙平军，丁四保，修春亮 来源期刊：城市规划，2012（5）
	被引频次：112 他引频次：108
102	论文题名：手术室细节护理在确保手术室护理安全中的应用效果研究
	作者：关柏秋，曹晓艳，董淑琴，等 来源期刊：实用临床医药杂志，2014（12）
	被引频次：112 他引频次：112
103	论文题名：基于分簇机制的 ZigBee 混合路由能量优化算法
	作者：钱志鸿，朱爽，王雪 来源期刊：计算机学报，2013（3） 被引频次：110 他引频次：108
104	论文题名：以审判为中心：内涵解读及实现路径
	作者：闵春雷 来源期刊：法律科学（西北政法大学学报），2015（3）
	被引频次：110 他引频次：109
105	论文题名：家庭农场融资问题研究
	作者：郭伊楠 来源期刊：南方金融，2013（3）
	被引频次：109 他引频次：108

续表

序号	论文信息
106	论文题名：DHT11 数字式温湿度传感器的应用性研究
	作者：韩丹翱，王菲 来源期刊：电子设计工程，2013（13）
	被引频次：109 他引频次：109
107	论文题名：肺炎支原体肺炎患儿 IL–6、IL–10、TNF-α 的变化
	作者：乔红梅，庞焕香，张云峰，等 来源期刊：临床儿科杂志，2012（1）
	被引频次：109 他引频次：109
108	论文题名：20 世纪 80 年代以来中国土地利用变化的基本特征与空间格局（英文）
	作者：刘纪远，匡文慧，张增祥，等 来源期刊：Journal of Geographical Sciences，2014（2） 被引频次：109 他引频次：84
109	论文题名：雷替曲塞或氟尿嘧啶 / 亚叶酸钙联合奥沙利铂治疗局部晚期或复发转移性结直肠癌的随机对照多中心Ⅲ期临床试验
	作者：王佳蕾，李进，秦叔逵，等 来源期刊：临床肿瘤学杂志，2012（1）
	被引频次：108 他引频次：107
110	论文题名：山东省新型城镇化的测度与空间分异研究
	作者：王新越，宋飚，宋斐红，等 来源期刊：地理科学，2014（9）
	被引频次：108 他引频次：108

8.2.2 热点论文

本小节所涉及的热点论文是指“十二五”期间吉林省学者发表的国内论文在中国知网数据库下载量排名前 100 的科技论文。从论文题名、下载量和关键词结构中可以找出吉林省“十二五”期间的热点研究领域及研究方向。

表 8–8 所示为 2011—2015 年吉林省学者发表的下载量排名前 100 的科技论文。这些论文的总下载量为 761 470 次，篇均下载量为 7614.7 次。

表 8-8　2011—2015 年吉林省学者发表的下载量排名前 100 的科技论文

序号	论文信息
1	论文题名："一带一路"与中国地缘政治经济战略的重构
	作者：李晓，李俊久 来源期刊：世界经济与政治，2015（10）
	关键词：战略重构
	下载频次：34 776
2	论文题名：美国互联网金融的发展及中美互联网金融的比较——基于网络经济学视角的研究与思考
	作者：王达 来源期刊：国际金融研究，2014（12）
	关键词：网络经济学
	下载频次：33 271
3	论文题名：中国新型城镇化理论与实践问题
	作者：姚士谋，张平宇，余成，等 来源期刊：地理科学，2014（6）
	关键词：发展规律
	下载频次：26 893
4	论文题名：我国跨境电子商务物流现状及运作模式
	作者：张滨，刘小军，陶章 来源期刊：中国流通经济，2015（1）
	关键词：运作模式
	下载频次：23 049
5	论文题名：翻转课堂教学模型的设计——基于国内外典型案例分析
	作者：王红，赵蔚，孙立会，等 来源期刊：现代教育技术，2013（8）
	关键词：反思
	下载频次：22 137
6	论文题名：3D 打印技术制备生物医用高分子材料的研究进展
	作者：贺超良，汤朝晖，田华雨，等 来源期刊：高分子学报，2013（6）
	关键词：组织工程
	下载频次：21 739
7	论文题名：玉米杂交种制种新技术研究探讨

续表

序号	论文信息
7	作者：张健，刘世军，张淑琴，等 来源期刊：农业科技通讯，2013（8）
	关键词：探讨
	下载频次：21 271
8	论文题名：面向物联网的无线传感器网络综述
	作者：钱志鸿，王义君 来源期刊：电子与信息学报，2013（1）
	关键词：网络通信协议
	下载频次：20 464
9	论文题名：20 世纪 80 年代末以来中国土地利用变化的基本特征与空间格局
	作者：刘纪远，匡文慧，张增祥，等 来源期刊：地理学报，2014（1）
	关键词：中国
	下载频次：19 444
10	论文题名：大数据视角分析学习变革——美国《通过教育数据挖掘和学习分析促进教与学》报告解读及启示
	作者：徐鹏，王以宁，刘艳华，等 来源期刊：远程教育杂志，2013（6）
	关键词：学习分析
	下载频次：17 176
11	论文题名：玉米高产新技术
	作者：林子渊，秦晓东 来源期刊：农村科学实验，2014（12）
	关键词：窄行密植
	下载频次：17 091
12	论文题名：物联网技术与应用研究
	作者：钱志鸿，王义君 来源期刊：电子学报，2012（5）
	关键词：发展理念
	下载频次：15 103
13	论文题名：亚投行的中国考量与世界意义

续表

序号	论文信息
13	作者：王达 来源期刊：东北亚论坛，2015（3）
	关键词：意义
	下载频次：13 180
14	论文题名：关于数学核心素养的几个问题
	作者：马云鹏 来源期刊：课程·教材·教法，2015（9）
	关键词：数学思想方法
	下载频次：12 881
15	论文题名：创新创业教育与专业教育的深度融合
	作者：刘艳，闫国栋，孟威，等 来源期刊：中国大学教学，2014（11）
	关键词：人才培养
	下载频次：11 579
16	论文题名：论美国影子银行体系的发展、运作、影响及监管
	作者：王达 来源期刊：国际金融研究，2012（1）
	关键词：监管
	下载频次：11 511
17	论文题名：基于大数据的个性化自适应在线学习分析模型及实现
	作者：姜强，赵蔚，王朋娇，等 来源期刊：中国电化教育，2015（1）
	关键词：可视化
	下载频次：11 066
18	论文题名：深度学习国内研究综述
	作者：樊雅琴，王炳皓，王伟，等 来源期刊：中国远程教育，2015（6）
	关键词：研究综述
	下载频次：10 989
19	论文题名：影子银行演进之互联网金融的兴起及其引发的冲击——为何中国迥异于美国
	作者：王达 来源期刊：东北亚论坛，2014（4）

续表

序号	论文信息
19	关键词：冲击
	下载频次：10 988
20	论文题名：翻转课堂及其在大学英语教学中的应用
	作者：崔艳辉，王轶 来源期刊：中国电化教育，2014（11）
	关键词：教育信息化
	下载频次：10 953
21	论文题名：微课设计和应用的关键问题思考
	作者：钟绍春，张琢，唐烨伟 来源期刊：中国电化教育，2014（12）
	关键词：教学模型
	下载频次：10 616
22	论文题名：SPSS 数据分析及 Excel 作图在毕业论文中的应用
	作者：丁雪梅，徐向红，邢沈阳，等 来源期刊：实验室研究与探索，2012（3）
	关键词：毕业论文
	下载频次：10,552
23	论文题名：中国情境下的创业研究：回顾与展望
	作者：蔡莉，单标安 来源期刊：管理世界，2013（12）
	关键词：未来展望
	下载频次：10 220
24	论文题名：碳纤维复合材料在航天领域的应用
	作者：李威，郭权锋 来源期刊：中国光学，2011（3）
	关键词：湿热效应
	下载频次：10 176
25	论文题名：全面推进法制改革，加快法治中国建设——十八届三中全会精神的法学解读
	作者：张文显 来源期刊：法制与社会发展，2014（1）
	关键词：法治中国建设
	下载频次：10 088

续表

序号	论文信息
26	论文题名：新型货币“比特币”：产生、原理与发展
	作者：于江 来源期刊：吉林金融研究，2013（5）
	关键词：发展
	下载频次：9796
27	论文题名：中国人口老龄化现状分析
	作者：黄毅，佟晓光 来源期刊：中国老年学杂志，2012（21）
	关键词：老龄产业
	下载频次：9711
28	论文题名：资源整合过程、动态能力与竞争优势：机理与路径
	作者：董保宝，葛宝山，王侃 来源期刊：管理世界，2011（3）
	关键词：竞争优势
	下载频次：9651
29	论文题名：基于翻转课堂的化学实验教学模式及支撑系统研究
	作者：徐妲，钟绍春，马相春 来源期刊：远程教育杂志，2013（5）
	关键词：支撑系统
	下载频次：9522
30	论文题名：流式细胞仪的原理、应用及最新进展
	作者：赵书涛，武晓东，王策，等 来源期刊：现代生物医学进展，2011（22）
	关键词：专业化
	下载频次：9502
31	论文题名：大数据流式计算：关键技术及系统实例
	作者：孙大为，张广艳，郑纬民 来源期刊：软件学报，2014（4）
	关键词：系统实例
	下载频次：9319
32	论文题名：中国青少年课外体育锻炼现状及影响因素研究报告

续表

序号	论文信息
32	作者：章建成，张绍礼，罗炯，等 来源期刊：体育科学，2012（11）
	关键词： 现状
	下载频次：9305
33	论文题名：纳米四氧化三铁的化学制备方法研究进展
	作者：马千里，董相廷，王进贤，等 来源期刊：化工进展，2012（3）
	关键词： 进展
	下载频次：9175
34	论文题名：气候变化对水循环与水资源的影响研究综述
	作者：李峰平，章光新，董李勤 来源期刊：地理科学，2013（4）
	关键词： 陆—气模型耦合
	下载频次：9080
35	论文题名：基于内容分析法的微课研究综述
	作者：唐烨伟，樊雅琴，庞敬文，等 来源期刊：中国电化教育，2015（4）
	关键词： 研究综述
	下载频次：8822
36	论文题名：多目标优化问题的研究概述
	作者：肖晓伟，肖迪，林锦国，等 来源期刊：计算机应用研究，2011（3）
	关键词： 模拟退火
	下载频次：8810
37	论文题名：基于“微课”本体特征的教学行为设计与实践反思
	作者：刘红霞，赵蔚，陈雷 来源期刊：现代教育技术，2014（2）
	关键词： 教学行为
	下载频次：8545
38	论文题名：我国高校创业教育与创新型人才培养研究
	作者：杨晓慧 来源期刊：中国高教研究，2015（1）

续表

序号	论文信息
38	关键词： 科学定位
	下载频次：8222
39	论文题名：染料敏化太阳能电池的研究进展
	作者：孙旭辉，包塔娜，张凌云，等 来源期刊：化工进展，2012（1）
	关键词： 电解质
	下载频次：8173
40	论文题名：微信支持下的混合式学习研究——以“摄影基本技术”课程为例
	作者：袁磊，陈晓慧，张艳丽 来源期刊：中国电化教育，2012（7）
	关键词： 摄影
	下载频次：8113
41	论文题名：技术支持的基于创造的学习——美国中小学创客教育的内涵、特征与实施路径
	作者：郑燕林，李卢一 来源期刊：开放教育研究，2014（6）
	关键词： 美国
	下载频次：7963
42	论文题名：鲁迅研究的三种范式与当下的价值选择
	作者：张福贵 来源期刊：中国社会科学，2013（11）
	关键词： 当代性
	下载频次：7688
43	论文题名：“道德政治”谱系中的卢梭、康德、马克思
	作者：张盾 来源期刊：中国社会科学，2011（3）
	关键词： 马克思
	下载频次：7533
44	论文题名：思维导图在阅读活动中的应用探析
	作者：王翠萍，胡石，宋佳 来源期刊：图书馆学研究，2011（14）
	关键词： 环式阅读导图
	下载频次：7422

续表

序号	论文信息
45	论文题名：时空数据挖掘研究进展
	作者：刘大有，陈慧灵，齐红，等 来源期刊：计算机研究与发展，2013（2）
	关键词： 时空预测和分类
	下载频次：7255
46	论文题名："广谱式" 创新创业教育的体系架构与理论价值
	作者：王占仁 来源期刊：教育研究，2015（5）
	关键词： 素质教育
	下载频次：7145
47	论文题名：大学生创业意向结构及其现状的实证研究
	作者：刘志 来源期刊：教育发展研究，2013（21）
	关键词： 结构
	下载频次：7133
48	论文题名：美国高校实施创客教育的路径分析
	作者：郑燕林 来源期刊：开放教育研究，2015（3）
	关键词： 美国
	下载频次：7123
49	论文题名：国内慕课（MOOC）研究现状述评：热点与趋势——基于 2009—2014 年 CNKI 所刊文献关键词的共词可视化分析
	作者：李亚员 来源期刊：电化教育研究，2015（7）
	关键词： 在线教育
	下载频次：7118
50	论文题名：数控机床可靠性技术的研究进展
	作者：杨兆军，陈传海，陈菲，等 来源期刊：机械工程学报，2013（20）
	关键词： 研究进展
	下载频次：7103

续表

序号	论文信息
51	论文题名：高校创新创业教育观念变革的整体构想
	作者：王占仁 来源期刊：中国高教研究，2015（7）
	关键词：整体构想
	下载频次：7071
52	论文题名：微信传播模式探析
	作者：单晓彤 来源期刊：新闻世界，2013（2）
	关键词：即时通讯
	下载频次：7007
53	论文题名：农村留守儿童生存现状调查报告
	作者：邬志辉，李静美 来源期刊：中国农业大学学报（社会科学版），2015（1）
	关键词：生存现状
	下载频次：6995
54	论文题名：农村金融有效促进了我国农村经济发展吗
	作者：丁志国，徐德财，赵晶 来源期刊：农业经济问题，2012（9）
	关键词：实证研究
	下载频次：6854
55	论文题名：亚投行的前景与挑战
	作者：孙兴杰 来源期刊：中国经济和信息化，2014（10）
	关键词：新一轮经济增长
	下载频次：6737
56	论文题名：汽车控制的研究现状与展望
	作者：陈虹，宫洵，胡云峰，等 来源期刊：自动化学报，2013（4）
	关键词：新能源汽车
	下载频次：6596
57	论文题名：MOOC 热的冷思考——国际上对 MOOCs 课程教学六大问题的审思

续表

序号	论文信息
57	作者：高地 来源期刊：远程教育杂志，2014（2）
	关键词：个性化学习
	下载频次：6494
58	论文题名：当代中国决策体制的形成与变革
	作者：周光辉 来源期刊：中国社会科学，2011（3）
	关键词：依法决策
	下载频次：6469
59	论文题名：大学生就业心理现状及其影响因素研究
	作者：刘春雷，于妍 来源期刊：人口学刊，2011（6）
	关键词：影响因素
	下载频次：6434
60	论文题名：关于研究生“马克思主义与社会科学方法论”课程建设的思考
	作者：郭凤志，秦春生 来源期刊：学位与研究生教育，2011（8）
	关键词：课程建设
	下载频次：6426
61	论文题名：工业机器人发展现状与趋势
	作者：孙志杰，王善军，张雪鑫 来源期刊：吉林工程技术师范学院学报，2011（7）
	关键词：发展模式
	下载频次：6364
62	论文题名：共享经济的现状及其在中国的发展趋势
	作者：高原 来源期刊：经营管理者，2015（35）
	关键词：安全监管
	下载频次：6361
63	论文题名：我国代孕的合法化及其边界研究
	作者：任巍，王倩 来源期刊：河北法学，2014（2）

续表

序号	论文信息
63	关键词：合法化边界
	下载频次：6359
64	论文题名：城乡教育一体化：教育公平的时代诉求
	作者：张旺 来源期刊：教育研究，2012（8）
	关键词：教育公平
	下载频次：6330
65	论文题名：中国特色社会主义生态文明建设的基本内涵及其相互关系
	作者：李桂花，张建光 来源期刊：理论学刊，2014（2）
	关键词：相互关系
	下载频次：6279
66	论文题名：大功率半导体激光器研究进展
	作者：王立军，宁永强，秦莉，等 来源期刊：发光学报，2015（1）
	关键词：芯片
	下载频次：6220
67	论文题名：中国能源消费碳排放强度及其影响因素的空间计量
	作者：程叶青，王哲野，张守志，等 来源期刊：地理学报，2013（10）
	关键词：中国
	下载频次：6184
68	论文题名：论中国特色社会主义的道路自信、理论自信、制度自信
	作者：田克勤，张泽强 来源期刊：思想理论教育，2013（5）
	关键词：制度自信
	下载频次：6083
69	论文题名：毛泽东的“实践智慧”的辩证法——重读《实践论》《矛盾论》
	作者：孙正聿 来源期刊：哲学研究，2015（3）
	关键词：辩证法

续表

序号	论文信息
69	下载频次：6083
70	论文题名：理性认知校园霸凌：从校园暴力到校园霸凌
	作者：孙晓冰，柳海民 来源期刊：教育理论与实践，2015（31）
	关键词： 校园管理
	下载频次：6040
71	论文题名：微课开发与应用研究
	作者：李婉嘉，徐晶 来源期刊：软件导刊，2013（11）
	关键词： 在线教育
	下载频次：6013
72	论文题名：中国人骨质疏松症诊断标准专家共识（第三稿·2014 版）
	作者：张智海，刘忠厚，李娜，等 来源期刊：中国骨质疏松杂志，2014（9）
	关键词： 影像学检查
	下载频次：5939
73	论文题名：浅谈 SQL Server 数据库的特点和基本功能
	作者：闫旭 来源期刊：价值工程，2012（22）
	关键词： 基本功能
	下载频次：5920
74	论文题名：试论“中蒙俄经济走廊”的基础与障碍
	作者：于洪洋，欧德卡，巴殿君 来源期刊：东北亚论坛，2015（1）
	关键词： 经济民族主义
	下载频次：5752
75	论文题名：日本文化产业发展创新的实现路径及经济效应分析
	作者：庄严 来源期刊：现代日本经济，2014（2）
	关键词： 文化兼容
	下载频次：5676
76	论文题名：“一带一路”基点之东北亚桥头堡群构建的战略研究

续表

序号	论文信息
76	作者：刘国斌 来源期刊：东北亚论坛，2015（2）
	关键词： 内陆经济协作圈桥头堡
	下载频次：5642
77	论文题名：美国大学 IPSP 课程混合式翻转课堂分析与启示
	作者：杨斌，王以宁，任建四，等 来源期刊：中国电化教育，2015（2）
	关键词： 教学模式
	下载频次：5628
78	论文题名：法学研究及其思维方式的思想变革
	作者：姚建宗 来源期刊：中国社会科学，2012（1）
	关键词： 思维方式
	下载频次：5610
79	论文题名：论我国新农村建设与农村教育布局调整
	作者：凡勇昆，邬志辉 来源期刊：教育研究，2013（7）
	关键词： 农村社会结构
	下载频次：5441
80	论文题名：微课程研究与发展趋势系统化分析
	作者：姜玉莲 来源期刊：中国远程教育，2013（12）
	关键词： 系统化分析
	下载频次：5410
81	论文题名：信息技术环境下智慧课堂构建方法及案例研究
	作者：唐烨伟，庞敬文，钟绍春，等 来源期刊：中国电化教育，2014（11）
	关键词： 教学模型
	下载频次：5408
82	论文题名：中学英语课堂教师反馈语的类型与特征研究
	作者：林正军，周沙 来源期刊：外语教学理论与实践，2011（3）

续表

序号	论文信息
82	关键词：特征
	下载频次：5365
83	论文题名：浅谈地膜辣椒套种糯玉米高效栽培新技术
	作者：王国启，王白石，佟贺 来源期刊：科技致富向导，2014（32）
	关键词：栽培
	下载频次：5346
84	论文题名：居家自我护理行为干预模式在学龄期儿童哮喘管理中的应用
	作者：周莉，韩春晖，马鸿雁，等 来源期刊：中华护理杂志，2013（1）
	关键词：哮喘
	下载频次：5278
85	论文题名：五味子治疗大鼠糖尿病肾病作用机制的血清代谢组学研究
	作者：皮子凤，门丽慧，张静，等 来源期刊：分析化学，2015（2）
	关键词：代谢组学
	下载频次：5263
86	论文题名：以审判为中心：内涵解读及实现路径
	作者：闵春雷 来源期刊：法律科学（西北政法大学学报），2015（3）
	关键词：公正审判权
	下载频次：5257
87	论文题名：人工湿地设计研究进展
	作者：曹笑笑，吕宪国，张仲胜，等 来源期刊：湿地科学，2013（1）
	关键词：水流方式
	下载频次：5232
88	论文题名：农村学校布局调整的十年走势与政策议题
	作者：邬志辉，史宁中 来源期刊：教育研究，2011（7）
	关键词：机会公平
	下载频次：5229

续表

序号	论文信息
89	论文题名：基于层次分析法的模糊综合评价在水质评价中的应用
	作者：卢文喜，李迪，张蕾，等 来源期刊：节水灌溉，2011（3）
	关键词：汇水流域
	下载频次：5203
90	论文题名：教育公平实现的困境与出路
	作者：尚靖君；王小溪 来源期刊：外国教育研究，2012（4）
	关键词：出路
	下载频次：5121
91	论文题名：生态经济建设：我国实现绿色发展的路径选择
	作者：霍艳丽，刘彤 来源期刊：企业经济，2011（10）
	关键词：资源
	下载频次：5115
92	论文题名：透明质酸的研究进展
	作者：崔媛，段潜，李艳辉 来源期刊：长春理工大学学报（自然科学版），2011（3）
	关键词：生物材料
	下载频次：5114
93	论文题名：中国经济增长的核心动力——基于资源配置效率的产业升级方向与路径选择
	作者：丁志国，赵宣凯，苏治 来源期刊：中国工业经济，2012（9）
	关键词：空间面板模型
	下载频次：5092
94	论文题名：中国农村金融发展与农村经济发展的关系——基于1978—2009年数据的实证研究
	作者：赵洪丹 来源期刊：经济学家，2011（11）
	关键词：经济发展
	下载频次：5017
95	论文题名：试论思想政治教育学科前沿的若干重大问题

续表

序号	论文信息
95	作者：张澍军 来源期刊：马克思主义研究，2011（1）
	关键词：中国认识
	下载频次：4975
96	论文题名：灵芝段木高产栽培新技术
	作者：宫克 来源期刊：吉林农业，2012（7）
	关键词：段木栽培
	下载频次：4966
97	论文题名：原发性肺癌诊疗规范（2011 年版）
	作者：支修益，吴一龙，马胜林，等 来源期刊：中国肺癌杂志，2012（12）
	关键词：肺段切除
	下载频次：4956
98	论文题名：其他综合收益的列报与披露——基于上市公司 2009 年年度财务报告的分析
	作者：毛志宏，王鹏，季丰 来源期刊：会计研究，2011（7）
	关键词：年报
	下载频次：4837
99	论文题名：我国医患关系管理的历史进程与未来展望
	作者：王佳，王伟，程实 来源期刊：医学与社会，2013（2）
	关键词：医患沟通
	下载频次：4796
100	论文题名：中国国有企业社会责任与企业绩效相关性研究
	作者：王文成，王诗卉 来源期刊：中国软科学，2014（8）
	关键词：联动效应
	下载频次：4789

图 8–5 中可以看出，吉林省学者发表的下载量排名前 100 的论文集中分布在经济与管理科学、社会科学（Ⅰ辑、Ⅱ辑）、信息科学、基础科学、工程科学（Ⅰ辑）、医药卫生科技等领域。

这说明"十二五"期间，吉林省的热门研究主要分布在以上这些领域中。

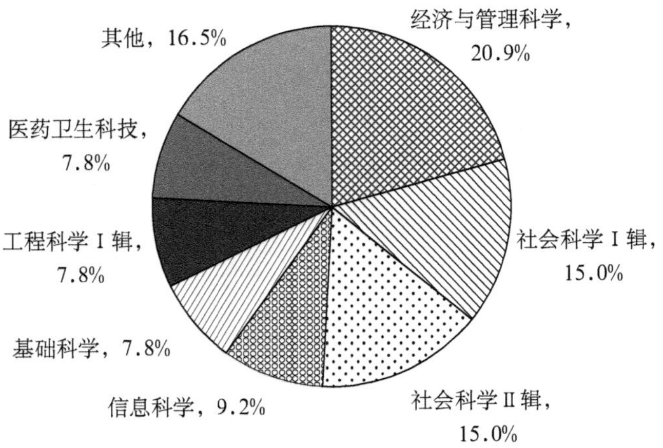

图 8-5　2011—2015 年吉林省学者发表的下载量排名前 100 名论文的学科分布

图 8-6 所示为 2011—2015 年吉林省学者发表的下载量排名前 100 位论文的机构分布情况。从图中可以看出，在这些高下载量论文中吉林大学的占比最高，其次是东北师范大学、长春理工大学和吉林农业大学。该图说明，以吉林大学为首的几所高校在热门领域、热门专业的研究上贡献较为突出。

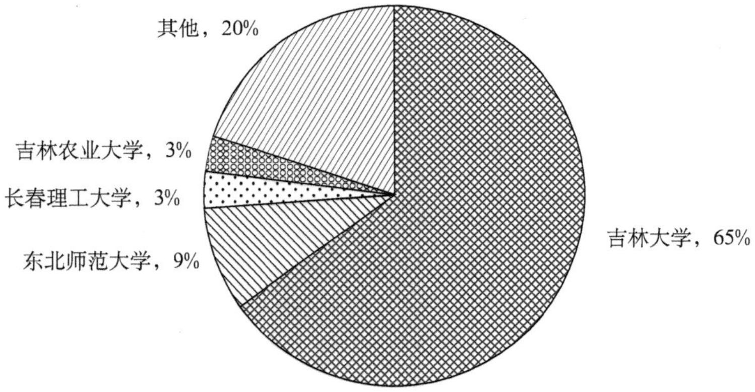

图 8-6　2011—2015 年吉林省学者发表的下载量排名前 100 名论文的机构分布情况

（作者：王欣）

第九章

吉林省 2017 年度科技期刊总体情况分析

科技学术期刊作为一种关乎吉林省整体创新能力、科研实力的重要战略媒体，其出版的数量、质量和学术影响力的评价一直是学术界关注的焦点。在我国现行期刊管理体制下，如何正确评价科技学术期刊，使其优化资源配置，提高出版质量和水平，打造国际级别的高水平期刊均是我们要关注和解决的重要课题。

因为在中国知网期刊检索中，只能检索到上一年度的科技期刊影响因子与被引次数等情况，所以本章主要对2017年度吉林省科学技术期刊的复合影响因子、综合影响因子、被引次数等信息进行统计分析，可以帮助读者掌握2017年度吉林省各类科技期刊相对于全国和东北三省处于什么位置。另外，有些科技期刊是依托于高校与科研机构创办的，了解吉林省2017年度科技期刊客观总体情况，有助于侧面掌握吉林省地区某些高校与科研机构的期刊创办、管理与经营等相关能力。

9.1 总体情况概述

9.1.1 研究方法

本章数据来源于中国知网。中国知网目前共收录11 000种期刊，1 751 355期，共计文章62 025 887篇。导航内容覆盖自然科学、工程技术、农业、哲学、医学、人文社会科学等各个领域，囊括了基础研究、工程技术、行业指导、党政工作、文化生活、科学普及等各种层次的期刊。中国知网的“期刊导航”栏目中，核心期刊按2014年版“中文核心期刊要目总览”核心期刊表分类，只包括被2014年版“中文核心期刊要目总览”收录的期刊。“世纪期刊”按期刊的知识内容分类，只包括1994年之前出版的期刊。期刊的影响因子按《中国学术期刊影响因子年报（2017版）》的结果显示。

9.1.2 2017年度吉林省学术期刊总体情况概述

2017年吉林省学术期刊有283种作为中国知网来源期刊，占全国期刊总量的比例为2.6%；吉林省学术期刊有196种作为中国知网来源期刊，占全国学术期刊总量的2.3%；吉林省核心期刊有46种作为中国知网来源期刊，占全国核心期刊总量的2.3%（表9–1）。

表9–1　2017年全国及吉林省科技期刊指标

	全部期刊	学术期刊	网络首发	独家授权	世纪期刊	核心期刊
吉林省	283	196	16	40	95	46
全国	11 000	8471	584	1534	3787	1978
百分比	2.6%	2.3%	2.7%	2.6%	2.5%	2.3%

从东北三省范围来看，辽宁省有 325 种期刊作为中国知网来源期刊，学术期刊有 274 种，其核心期刊有 69 种；黑龙江省有 324 种期刊作为中国知网来源期刊，学术期刊有 253 种，其核心期刊有 53 种。

从图 9–1 可以看出，除网络首发期刊数量与独家授权期刊数量以外，全部期刊数量、学术期刊与世纪期刊数量，辽宁省与黑龙江省均领先于吉林省。从图 9–2 可以看出，核心独家授权期刊数量，吉林省多于黑龙江省；核心学术期刊数量、核心网络首发期刊数量与核心世纪期刊数量，辽宁省与黑龙江省均领先于吉林省。

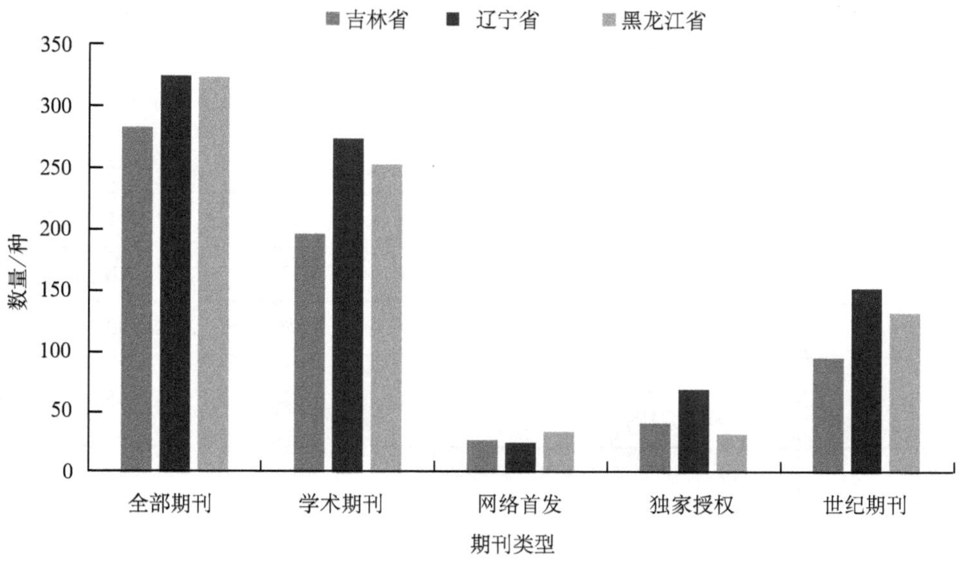

图 9–1　东北三省科技期刊统计

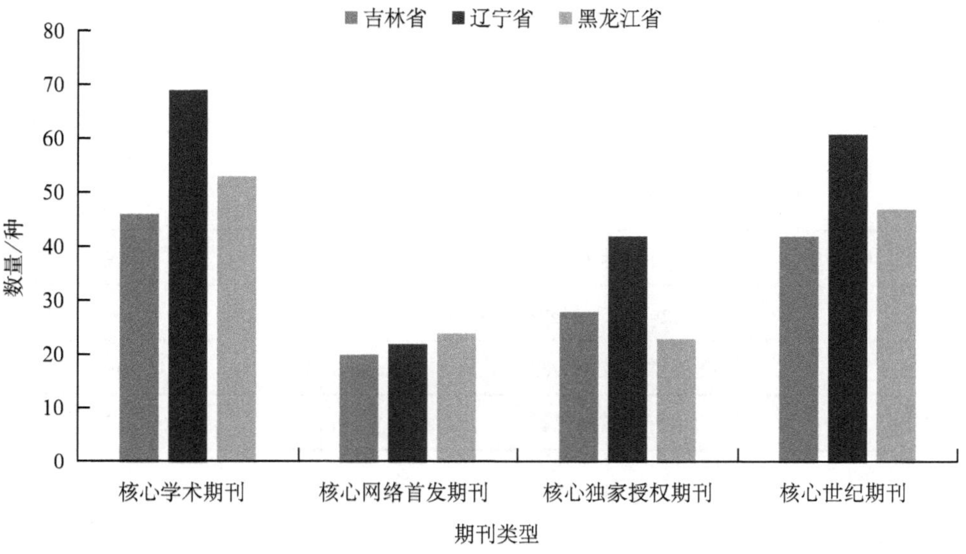

图 9–2　东北三省核心期刊统计

9.2 2017 年度吉林省科技期刊分类整体情况

表 9–2 为 2017 年度吉林省科技期刊影响因子及被引指标，期刊排名按照复合影响因子排序，若期刊无影响因子的数据，按照期刊首字母排序。表 9–3 为 2017 年度吉林省核心学术期刊影响因子及被引指标，期刊排名按照复合影响因子排序，若期刊无影响因子的数据，按照期刊首字母排序。

表 9–2　2017 年吉林省科技期刊影响因子及被引指标

期刊名称	主办单位	复合影响因子	综合影响因子	被引次数 / 次
地理科学	中国科学院东北地理与农业生态研究所	3.635	2.709	113 579
当代法学	吉林大学	3.354	1.894	55 153
东北亚论坛	吉林大学	3.289	1.901	20 962
人口学刊	吉林大学	3.123	1.938	30 899
法制与社会发展	吉林大学	2.942	1.730	42 896
中国光学	中国科学院长春光学精密机械与物理研究所；中国光学学会	2.330	1.955	7 625
现代日本经济	吉林大学；全国日本经济学会	2.165	1.495	13 893
光学精密工程	中国科学院长春光学精密机械与物理研究所；中国仪器仪表学会	2.148	1.556	79 867
湿地科学	中国科学院东北地理与农业生态研究所	2.004	1.470	15 859
吉林大学社会科学学报	吉林大学	1.975	1.134	44 777
分析化学	中国科学院长春应用化学研究所；中国化学会	1.974	1.475	163 162
经济纵横	吉林省社会科学院；吉林省社会科学界联合会	1.802	1.110	67 484
吉林大学学报（地球科学版）	吉林大学	1.554	1.124	57 307
情报科学	中国科学技术情报学会；吉林大学	1.432	1.014	81 590
工业技术经济	吉林省科学技术信息研究所	1.427	0.864	59 044
图书馆学研究	吉林省图书馆	1.378	1.173	53 549
JOURNAL OF BIONIC ENGINEERING	吉林大学	1.364	0.934	2 065
临床肝胆病杂志	吉林大学	1.329	1.097	36 108

续表

期刊名称	主办单位	复合影响因子	综合影响因子	被引次数／次
吉林大学学报（工学版）	吉林大学	1.291	0.689	48 569
液晶与显示	中国科学院长春光学精密机械与物理研究所；京东方科技集团股份有限公司；中国物理学会液晶分会；中国光学光电子行业协会液晶分会	1.289	1.003	17 736
高等学校化学学报	吉林大学；南开大学	1.280	0.922	155 934
CHINESE GEOGRAPHICAL SCIENCE	中国科学院东北地理与农业生态研究所；中国地理学会	1.250	0.742	5 036
世界地质	吉林大学东北亚国际地学研究与教学中心	1.227	0.822	19 743
税务与经济	吉林财经大学	1.144	0.485	21 553
玉米科学	吉林省农业科学院	1.137	0.729	68 354
现代情报	中国科学技术情报学会；吉林省科学技术信息研究所	1.128	0.815	76 072
当代经济研究	吉林财经大学	1.111	0.643	35 568
东北师大学报（哲学社会科学版）	东北师范大学	1.043	0.610	49 210
吉林农业大学学报	吉林农业大学	1.031	0.740	43 534
东北电力大学学报	东北电力大学	1.005	0.850	13 173
中国免疫学杂志	中国免疫学会；吉林省医学期刊社	0.965	0.746	46 188
发光学报	中国物理学会发光分会；中科院长春光学精密机械与物理研究所	0.939	0.689	23 289
吉林大学学报（医学版）	吉林大学	0.916	0.671	43 532
CHEMICAL RESEARCH IN CHINESE UNIVERSITIES	吉林大学	0.906	0.737	4 672
中国兽医学报	吉林大学	0.874	0.661	54 091
延边大学农学学报	延边大学	0.873	0.672	9 283
中国老年学杂志	中国老年学学会；吉林省卫生厅	0.866	0.691	194 415
吉林中医药	长春中医药大学	0.841	0.521	62 083
农业科技管理	吉林省农业科学院；中国农业科技管理研究会	0.826	0.710	20 840
吉林大学学报（信息科学版）	吉林大学	0.824	0.529	15 355

续表

期刊名称	主办单位	复合影响因子	综合影响因子	被引次数／次
应用化学	中国化学会；中国科学院长春应用化学研究所	0.789	0.515	64 132
中国妇幼保健	中华预防医学会；吉林省医学期刊社	0.778	0.667	177 399
汉语学习	延边大学	0.768	0.406	68 111
中国实验诊断学	吉林大学中日联谊医院；上海交通大学医学院附属瑞金医院	0.762	0.606	46 648
菌物研究	中国菌物学会；吉林农业大学	0.761	0.511	5 809
经济动物学报	吉林农业大学	0.759	0.481	7 668
长春中医药大学学报	长春中医药大学	0.753	0.518	42 916
外国教育研究	东北师范大学	0.718	0.429	60 013
大学物理实验	吉林化工学院	0.689	0.663	9 877
长白学刊	中共吉林省委党校（吉林省行政学院）	0.660	0.323	17 854
东北师大学报（自然科学版）	东北师范大学	0.657	0.481	22 660
东北农业科学	吉林省农业科学院	0.633	0.377	21 872
汽车技术	长春汽车研究所；中国汽车工程学会	0.594	0.315	38 996
北华大学学报（自然科学版）	北华大学	0.593	0.460	14 608
弹性体	中国石油天然气股份有限公司吉林石化分公司；全国合成橡胶信息总站	0.588	0.379	14 660
职业技术教育	吉林工程技术师范学院	0.586	0.449	83 120
吉林大学学报（理学版）	吉林大学	0.554	0.385	23 974
社会科学战线	吉林省社会科学院	0.551	0.353	69 713
汽车工业研究	中国第一汽车集团有限公司	0.541	0.185	12 811
行政与法	中共吉林省委党校（吉林省行政学院）	0.527	0.194	38 461
延边大学学报（社会科学版）	延边大学	0.520	0.262	13 264
中风与神经疾病杂志	吉林大学	0.504	0.374	41 798
中国生物制品学杂志	中华预防医学会；中国医药集团总公司长春生物制品研究所有限责任公司	0.487	0.374	18 428
物理实验	东北师范大学	0.484	0.428	14 971
黄金	长春黄金研究院有限公司	0.473	0.362	25 458
特产研究	中国农业科学院特产研究所；中国农学会特产学会	0.458	0.285	14 857

续表

期刊名称	主办单位	复合影响因子	综合影响因子	被引次数／次
吉林化工学院学报	吉林化工学院	0.452	0.386	12 017
GLOBAL GEOLOGY	吉林大学东北亚国际地学研究与教学中心	0.449	0.275	709
人参研究	吉林省人参研究所	0.448	0.403	7 647
分子科学学报	中国化学会	0.447	0.352	6 732
吉林体育学院学报	吉林体育学院	0.435	0.251	24 781
化工科技	中国石油天然气股份有限公司吉林石化分公司	0.394	0.203	13 162
吉林师范大学学报（自然科学版）	吉林师范大学	0.391	0.276	12 702
史学集刊	吉林大学	0.391	0.255	14 496
现代中小学教育	东北师范大学；国家基础教育实验中心	0.388	0.190	25 670
长春理工大学学报（自然科学版）	长春理工大学	0.384	0.238	14 227
文艺争鸣	吉林省文学艺术界联合会	0.363	0.205	35 226
东疆学刊	延边大学	0.361	0.181	7 503
中国地方病防治杂志	中华预防医学会	0.353	0.317	23 170
吉林医药学院学报	吉林医药学院	0.345	0.209	7 680
净月学刊	吉林警察学院	0.336	0.166	5 589
中国卫生工程学	中华预防医学会	0.335	0.291	7 809
长春大学学报	长春大学	0.328	0.190	22 956
古代文明	东北师范大学世界古典文明史研究所；亚洲文明研究院；东北师范大学出版社	0.323	0.172	1 671
吉林金融研究	中国人民银行长春中心支行	0.317	0.132	3 569
吉林师范大学学报（人文社会科学版）	吉林师范大学	0.313	0.145	16 114
北华大学学报（社会科学版）	北华大学	0.312	0.161	10 770
炭素技术	中钢集团吉林炭素股份有限公司	0.312	0.216	12 775
吉林工商学院学报	吉林工商学院	0.298	0.114	7 019
延边大学学报（自然科学版）	延边大学	0.295	0.192	5 276

续表

期刊名称	主办单位	复合影响因子	综合影响因子	被引次数／次
长春工业大学学报	长春工业大学	0.280	0.130	11 423
中小学教师培训	东北师范大学	0.278	0.132	18 629
国际老年医学杂志	吉林大学	0.275	0.219	8 074
吉林地质	吉林省地质矿产勘查开发局	0.268	0.166	8 887
长春理工大学学报（社会科学版）	长春理工大学	0.259	0.086	17 115
外国问题研究	东北师范大学	0.256	0.083	4 995
汽车工艺与材料	中国汽车工程学会；长春汽车材料研究所	0.246	0.139	17 352
国际护理学杂志	中华医学会；吉林省医学期刊社	0.245	0.221	31 938
铁合金	吉林铁合金股份有限公司	0.235	0.195	5 705
气象水文海洋仪器	中国仪器仪表学会气象水文海洋仪器分会；长春气象仪器研究所	0.227	0.174	4 906
吉林电力	吉林省电力科学研究院；吉林省电机工程学会	0.224	0.141	6 063
长春师范大学学报	长春师范大学	0.222	0.103	28 463
吉林医学	吉林省人民医院	0.209	0.165	120 477
吉林水利	吉林省水利宣传中心	0.201	0.150	7 932
学问	吉林省文学艺术界联合会	0.200	0.105	3 374
长春工程学院学报（自然科学版）	长春工程学院	0.196	0.125	6 051
现代教育科学	吉林省教育科学院	0.195	0.106	55 758
吉林农业科技学院学报	吉林农业科技学院	0.193	0.107	4 020
吉林建筑大学学报	吉林建筑大学	0.192	0.070	8 128
古籍整理研究学刊	东北师范大学古籍整理研究所	0.187	0.093	9 722
延边大学医学学报	延边大学	0.181	0.108	8 615
长春金融高等专科学校学报	长春金融高等专科学校	0.176	0.112	3 018
通化师范学院学报	通化师范学院	0.176	0.085	15 944
中国管理信息化	吉林科学技术出版社	0.167	0.064	52 169
工程与试验	中国仪器仪表学会试验机分会；长春试验机研究所有限公司	0.161	0.106	4 715
长春市委党校学报	中共长春市委党校；长春市行政学院	0.157	0.040	7 142

续表

期刊名称	主办单位	复合影响因子	综合影响因子	被引次数／次
吉林林业科技	吉林省林业科学研究院	0.148	0.085	9 738
长春工程学院学报（社会科学版）	长春工程学院	0.147	0.076	5 756
COMMUNICATIONS IN MATHEMATICAL RESEARCH	吉林大学	0.138	0.088	1 381
吉林工程技术师范学院学报	吉林工程技术师范学院	0.138	0.071	10 570
现代营销（下旬刊）	吉林省新闻出版局	0.126	0.028	16 928
吉林艺术学院学报	吉林艺术学院	0.111	0.058	4 328
戏剧文学	吉林省艺术研究院	0.111	0.068	6 919
长春教育学院学报	长春教育学院；长春市教育学会	0.107	0.044	14 192
东北水利水电	水利部松辽水利委员会	0.106	0.086	13 558
吉林省教育学院学报	吉林省教育学院	0.094	0.041	14 131
吉林省经济管理干部学院学报	吉林省经济管理干部学院；吉林经济职业技术学院	0.092	0.031	7 645
农业与技术	中国科技期刊编辑学会；吉林省科学技术信息研究所	0.084	0.044	30 043
吉林广播电视大学学报	吉林广播电视大学	0.078	0.029	11 947
白城师范学院学报	白城师范学院	0.074	0.042	4 557
电影文学	长影集团	0.074	0.022	32 146
中小学电教	吉林省电化教育馆	0.072	0.023	7 859
北方传媒研究	吉林省北方传媒研究中心；吉林省广播电视媒体			38
北方建筑	吉林省建筑材料工业设计研究院；吉林省墙材革新与建筑节能办公室			25
边疆考古研究	吉林大学边疆考古研究中心			1 352
博物馆研究	吉林省博物馆学会；吉林省考古学会			2 472
才智	中国吉林高新技术人才市场			71 501
才智（才情斋）	中国吉林高新技术人才市场			829
长白山诗词	吉林省政协办公厅			3
长春工业大学学报（高教研究版）	长春工业大学			9 452

续表

期刊名称	主办单位	复合影响因子	综合影响因子	被引次数／次
长春工业大学学报（社会科学版）	长春工业大学			6 494
长春政报	长春市人民政府			11
长春理工大学学报	长春理工大学			16 057
朝鲜・韩国历史研究	中国朝鲜史研究会；延边大学朝鲜・韩国历史研究所			152
大家健康	现代医院报刊社；大家健康杂志社			87
大家健康（学术版）	吉林省医学期刊社			30 621
当代生态农业	吉林省人参商会			2 417
当代审计	吉林省审计厅			742
当代音乐	吉林省音乐家协会；吉林音像出版社有限责任公司			1 191
当代医药论丛	吉林省当代医药论丛杂志社有限公司			44 675
党员之友	中共吉林省委员会			133
东西南北	吉林日报报业集团			232
东西南北（大学生）	吉林日报报业集团			33
东北煤炭技术	辽宁煤炭工业管理局；吉林煤炭工业管理局；黑龙江煤炭工业管理局			1 512
东北亚经济研究	吉林省经济管理干部学院；商务部国际贸易经济合作研究所			2
东北亚研究论丛（长师大）	长春师范大学东北亚历史文化研究所			
读天下	吉林省舆林报刊发展有限责任公司			552
短篇小说（原创版）	吉林省文学艺术界联合会			1 596
高教研究与实践	吉林大学			961
高考	长春出版社			2 223
高考（理科版）	长春出版社			42
高考（数语英）	长春出版社			11
高考（文科版）	长春出版社			14
关东学刊	长春工业大学			30
光机电信息	中国科学院长春光学精密机械与物理研究所			6 506

续表

期刊名称	主办单位	复合影响因子	综合影响因子	被引次数 / 次
南北桥（国学）	长春出版社			488
华夏文化论坛	吉林大学中国文化研究所；吉林大学东北文化与社会发展研究中心			485
JOURNAL OF ANCIENT CIVILIZATIONS	东北师范大学世界古典文明史研究所			148
家电检修技术	长春出版社			647
家教指南	国家基础教育实验中心；吉林省教育学会社区与家庭教育专业委员会			234
吉林财税	吉林省财政厅；吉林省地方税务局；吉林省国有资产管理局			787
吉林画报	吉林出版集团			1
吉林环境	中国环境科学学会；吉林省环境保护局			8 129
吉林华桥外国语学院学报	吉林华桥外国语学院			1 262
吉林建材	吉林省政府建材行业管理办公室			786
吉林勘察设计	吉林省建筑技术学会			276
吉林交通科技	吉林省交通科学研究所；吉林省公路学会；吉林省交通科技情报总站			2 168
吉林教育	吉林教育杂志社			14 174
吉林教育科学（普教研究版）	吉林省教育科学院；吉林省高教学会；吉林省普教学会			362
吉林教育（教科研版）	吉林教育杂志社			724
吉林教育（现代校长）	吉林教育杂志社			755
吉林劳动保护	吉林省安全科学技术研究院			378
吉林粮食高等专科学校学报	吉林粮食高等专科学校			1 240
吉林林学院学报	吉林林学院			3 330
吉林农业	吉林省新农村建设办公室			18 840
吉林农业·农村经济信息	吉林农村经济信息中心			132
吉林人大	吉林省人大常委会			647
吉林商业高等专科学校学报	吉林商业高等专科学校			1 393
吉林蔬菜	吉林省蔬菜花卉科学研究所			5 635

续表

期刊名称	主办单位	复合影响因子	综合影响因子	被引次数／次
吉林畜牧兽医	吉林省牧业管理局			8 177
吉林医学信息	吉林省卫生信息研究所			479
吉林省教育学院学报（下旬）	吉林省教育学院			13 163
吉林省教育学院学报（中旬）	吉林省教育学院			3 844
吉林省社会主义学院学报	吉林省社会主义学院			755
经济视角	吉林大学			5 730
经济视角（中旬刊）	吉林大学			3 920
技术与教育	吉林工业职业技术学院			665
考试与评价	英语辅导报社			1 600
考试与评价（大学英语教研版）	英语辅导报社			737
考试周刊	吉林省舆林报刊发展中心			90 165
兰台内外	吉林省档案局；吉林省档案学会			2 417
劳动保障世界	吉林省人力资源和社会保障厅社会保险事业管理局			3 695
劳动保障世界（理论版）	吉林省人力资源和社会保障厅社会保险事业管理局			7 237
毛泽东文艺思想研究	全国毛泽东文艺思想研究会			24
农村科学实验	吉林省科学技术协会			1 019
农村天地	吉林省人民政府发展研究中心			360
农金纵横	中国农业银行长春培训学院			1 012
汽车维修	中国第一汽车集团有限公司			2 525
启迪与智慧（教育）	吉林省幽默与笑话杂志社有限责任公司			855
青年教师	青年教师杂志社			1 865
青年教师学报	东北师范大学			105
求医问药	吉林医药学院			591
求医问药·女人健康	吉林医药学院			14
奇闻怪事	南北桥杂志社			24
气象灾害防御	吉林省气象科学研究院			1 736
企业研究	中国第一汽车集团有限公司			22 687

续表

期刊名称	主办单位	复合影响因子	综合影响因子	被引次数／次
拳击与格斗	吉林省幽默与笑话杂志社有限责任公司			217
READING AND COMPOSITION（JUNIOR HIGH）	长春出版社			16
READING AND COMPOSITION（SENIOR HIGH）	长春出版社			15
热电技术	中国电机工程学会热电专业委员会；国电吉林热电厂			1 213
设计视界	吉林艺术学院设计学院设计艺术研究中心			138
参花（上）	吉林省群众艺术馆			274
参花（下）	吉林省群众艺术馆			816
施工组织设计	中水东北勘测设计研究有限责任公司			37
世界中学生文摘	长春出版社；延边人民出版社			89
石油石化物资采购	中国质量协会化工分会			1 669
数学大世界（初中版）	北方妇女儿童出版社			94
数学大世界（教师适用）	北方妇女儿童出版社			913
数学大世界（教学导向）	北方妇女儿童出版社			282
数学大世界（上旬）	北方妇女儿童出版社			184
数学大世界（下旬）	北方妇女儿童出版社			183
数学大世界（中旬）	北方妇女儿童出版社			200
数学学习与研究	吉林省数学会			10 246
特种经济动植物	中国农业科学院特产研究所			9 715
文存阅刊	吉林省出版产品质量监测中心；吉林省传记文学学会			8
现代交际	吉林省社会科学院			17 880
现代教育科学（小学教师）	吉林省教育科学院			2 163
现代教育科学（中学教师）	吉林省教育科学院			2 616
现代商业银行	中国工商银行长春金融研修学院			4 790
现代营销（创富信息版）	吉林省新闻出版局			157

续表

期刊名称	主办单位	复合影响因子	综合影响因子	被引次数／次
现代营销（经营版）	吉林省新闻出版局			772
小说月刊（上半月）	吉林省文联			2
小学科学	长春出版社			4
小学科学（教师版）	长春出版社			2 836
小学时代（教育研究）	吉林出版集团			2 576
小学时代	吉林出版集团			15
小学时代（教师）	吉林出版集团			1 750
小学生作文辅导（快乐语文版）	北方妇女儿童出版社			2
小学生作文辅导（读写双赢）	北方妇女儿童出版社			19
小学生作文辅导（教师适用）	北方妇女儿童出版社			435
小学生作文辅导（看图作文版）	北方妇女儿童出版社			
小学生作文辅导（上旬）	北方妇女儿童出版社			118
小学生作文辅导（作文与阅读版）	北方妇女儿童出版社			17
校长阅刊	吉林人民出版社			2 186
小作家选刊（小学）	吉林省作家协会			40
小作家选刊（作文素材库）	吉林省作家协会			133
新长征	中共吉林省委员会			3 001
新长征（党建版）	中共吉林省委员会			467
延边党校学报	中共延边州委党校；延边州行政学院			3 724
延边教育学院学报	延边州教育学院			6 079
应用写作	长春理工大学；吉林省写作学会			951
优秀作文选评（初中版）	长春出版社			31
优秀作文选评（高中版）	长春出版社			51
优秀作文选评（小学版）	长春出版社			14
阅读与作文（小学低年级版）	长春出版社			14
悦读文摘	吉林省行政学院			3
阅读与作文（小学高年级版）	长春出版社			30

续表

期刊名称	主办单位	复合影响因子	综合影响因子	被引次数 / 次
阅读与作文（初中版）	长春出版社			82
阅读与作文（高中版）	长春出版社			104
杂文选刊	《杂文选刊》杂志社			211
哲学基础理论研究	吉林大学哲学基础理论研究中心			48
中国管理信息化（会计版）	吉林科学技术出版社			9 984
中小学电教（下半月）	吉林省电化教育馆			5 120
中学生优秀作文（初中版）	北方妇女儿童出版社			3
中学生优秀作文（高中版）	北方妇女儿童出版社			7
中学生优秀作文（教学）	北方妇女儿童出版社			193
中学生优秀作文（中考专刊）	北方妇女儿童出版社			4
作家	吉林省作家协会			13 944
作文与考试	共青团吉林省委；吉林省青少年报刊总社			8

表 9-3　2017 年吉林省核心学术期刊影响因子及被引指标

期刊名称	主办单位	复合影响因子	综合影响因子	被引次数 / 次
地理科学	中国科学院东北地理与农业生态研究所	3.635	2.709	113 579
当代法学	吉林大学	3.354	1.894	55 153
东北亚论坛	吉林大学	3.289	1.901	20 962
人口学刊	吉林大学	3.123	1.938	30 899
法制与社会发展	吉林大学	2.942	1.730	42 896
现代日本经济	吉林大学；全国日本经济学会	2.165	1.495	13 893
光学精密工程	中国科学院长春光学精密机械与物理研究所；中国仪器仪表学会	2.148	1.556	79 867
湿地科学	中国科学院东北地理与农业生态研究所	2.004	1.470	15 859
吉林大学社会科学学报	吉林大学	1.975	1.134	44 777
分析化学	中国化学会；中国科学院长春应用化学研究所	1.974	1.475	163 162
经济纵横	吉林省社会科学院	1.802	1.110	67 484
吉林大学学报（地球科学版）	吉林大学	1.554	1.124	57 307

续表

期刊名称	主办单位	复合影响因子	综合影响因子	被引次数／次
情报科学	中国科学技术情报学会；吉林大学	1.432	1.014	81 590
工业技术经济	中国区域经济学会；吉林省科技信息研究所	1.427	0.864	59 044
吉林大学学报（工学版）	吉林大学	1.291	0.689	48 569
液晶与显示	中国科学院长春光学精密机械与物理研究所；中国物理学会液晶分会；中国光学光电子行业协会液晶分会	1.289	1.003	17 736
高等学校化学学报	吉林大学	1.280	0.922	155 934
税务与经济	吉林财经大学	1.144	0.485	21 553
玉米科学	吉林省农业科学院	1.137	0.729	68 354
现代情报	中国科技情报学会；吉林省科技信息研究所	1.128	0.815	76 072
当代经济研究	吉林财经大学	1.111	0.643	35 568
东北师大学报（哲学社会科学版）	东北师范大学	1.043	0.610	49 210
吉林农业大学学报	吉林农业大学	1.031	0.740	43 534
中国免疫学杂志	中国免疫学会；吉林省医学期刊社	0.965	0.746	46 188
发光学报	中国物理学会发光分会；中国科学院长春光学精密机械与物理研究所	0.939	0.689	23 289
吉林大学学报（医学版）	吉林大学	0.916	0.671	43 532
中国兽医学报	吉林大学	0.874	0.661	54 091
中国老年学杂志	中国老年学学会；吉林省卫生厅	0.866	0.691	194 415
应用化学	中国化学会；中国科学院长春应用化学研究所	0.789	0.515	64 132
汉语学习	延边大学	0.768	0.406	68 111
外国教育研究	东北师范大学	0.718	0.429	60 013
长白学刊	中共吉林省委党校	0.660	0.323	17 854
东北师大学报（自然科学版）	东北师范大学	0.657	0.481	22 660
汽车技术	中国汽车工程学会；长春汽车研究所	0.594	0.315	38 996
职业技术教育	吉林工程技术师范学院	0.586	0.449	83 120
吉林大学学报（理学版）	吉林大学	0.554	0.385	23 974
社会科学战线	吉林省社会科学院	0.551	0.353	69 713

续表

期刊名称	主办单位	复合影响因子	综合影响因子	被引次数／次
中风与神经疾病杂志	吉林大学	0.504	0.374	41 798
分子科学学报	中国化学会	0.447	0.352	6 732
史学集刊	吉林大学	0.391	0.255	14 496
文艺争鸣	吉林省文学艺术界联合会	0.363	0.205	35 226
中国地方病防治杂志	中华预防医学会	0.353	0.317	23 170
炭素技术	中钢集团吉林炭素股份有限公司	0.312	0.216	12 775
中小学教师培训	教育部委托东北师范大学主办	0.278	0.132	18 629
戏剧文学	吉林省艺术研究院	0.111	0.068	6 919
电影文学	长影集团	0.074	0.022	32 146

（作者：刘夏）

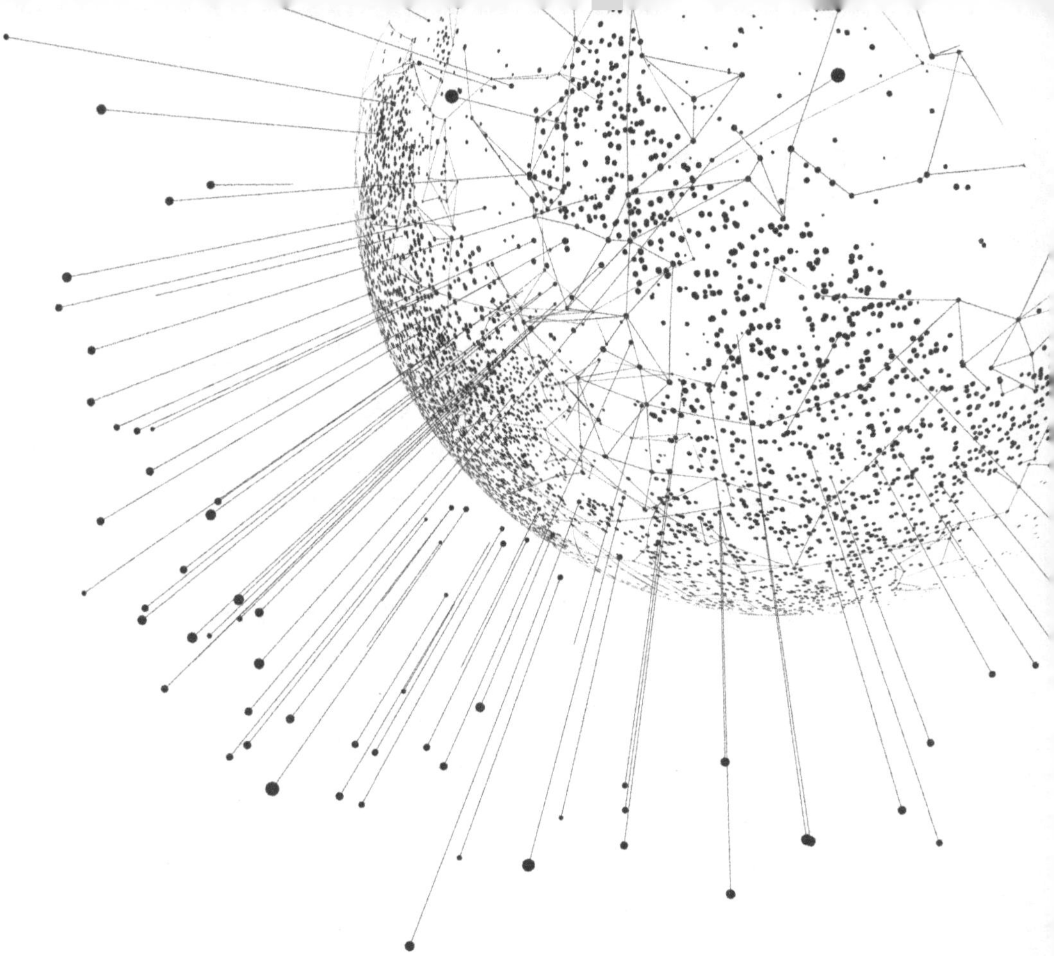

第十章 结语

从《中国科技统计年鉴2011—2016年》角度来看，“十二五”期间，吉林省高等学校发表国内国际科技论文总数为144 023篇，其中发表国际科技论文27 076篇。研究与开发机构发表国内国际科技论文总数为21 808篇，其中发表国际科技论文6516篇。总体来说，吉林省各机构发表的科技论文总数占全国论文总数比例在2.60%左右。SCI、EI、CPCI三大检索工具收录吉林省科技论文数量逐年增加，2011—2014年吉林省发表的SCI、EI科技论文数在全国范围内排名较稳定，处于第14名左右；CPCI科技论文数在全国范围内排名有所提升，处于第10名。

通过Web of Science、Science Citation Index Expanded（SCI-Expanded）、Social Sciences Citation Index（SSCI）、Conference Proceedings Citation Index-Science（CPCI-S）、Conference Proceedings Citation Index-Social Science & Humanities（CPCI-SSH）数据库、ProQuest Dialog检索平台、Ei-Compendex数据库进行检索得到的统计结果，2011—2015年收录中国SCI核心期刊科技论文总数为1 287 311篇。其中，吉林省发表SCI核心期刊论文36 006篇，占中国SCI核心期刊论文总数的2.80%，在全国范围内处于第10位，且吉林省SCI核心期刊论文总被引次数为432 508次。2011—2015年收录中国CPCI国际会议论文总数为522 977篇。其中，吉林省发表CPCI国际会议论文12 540篇，占中国CPCI国际会议论文总数的2.40%，在全国范围内处于第16位。2011—2015年收录中国EI学术期刊论文总数为851 673篇。其中，吉林省发表EI学术期刊论文29 007篇，占中国EI学术期刊论文总数的3.41%。

从学科分布来看，2011—2015年吉林省SCI论文数量占比超过10%的学科为化学、材料科学、物理学；吉林省EI论文数量较多的研究主题为X射线衍射、算法、扫描电子显微镜、纳米粒子、透射电子显微镜；吉林省CPCI论文数量占比超过10%的学科为材料科学多学科、电气电子工程、工程机械。国际论文被引用次数排在前列的学科为化学多学科、材料科学多学科、化学物理。国内论文数量最多的学科为临床医学，其次为高等教育、计算机软件及计算机应用、中等教育、企业经济等学科。吉林省地区有关计算机领域的论文数量逐渐增多，肿瘤学、药理学、生物化学等学科依然具有一定的科研实力。

从地区分布来看，2011—2015年吉林省发表科技论文的城市分布极不均衡。发表科技论文数量最多的城市是长春，发文量占论文总数的60.08%。其次为吉林，其发文量占论文总数的19.57%，所占比例也较大。然后依次是四平、通化、延边、白城，这几个城市的发文量较少，但也都占到论文总数的3%以上。松原、辽源、白山这几个城市的发文量最少，占论文总数的1%以下。这是由于科研实力较强的高校与研发机构、高端科技产业多集中于省会城市长春，其他城市缺乏科研实力较强的高校与研发机构，研究环境远落后于长春。

从机构分布来看，2011—2015年吉林省SCI论文主要产出机构为高等学校，占论文总数的79%；其次是科研院所，占论文总数的21%。CPCI论文中，88.06%来源于高等学校，6.42%来源于科研院所。国内论文中，83%来源于高等学校，12%来源于科研院所，5%来源于其他机构。吉林省不同机构类型的中国引文数据库收录论文发文量总体趋势走向在2011—2015年基本处于平均状态。其中，高等院校的中国引文数据库收录论文发文量在2014年后有小幅提高，科研院所、其他地方部门，以及企业、开发机构等 5 年间发文量基本持平，并未出现突出性增加或者骤减。在高等学校中，吉林大学发表的论文最多，比重最大。在科研机构中，中国科学院所属机构发表的论文最多。

从基金资助情况来看，吉林省产出论文的主要基金资助来源为中国国家自然科学基金和吉林省科技发展计划基金。吉林省产出论文较多、基金资助强度最大的城市为长春市；其次为吉林市和延边朝鲜族自治州。基金资助最多的 10 个学科为畜牧与动物医学、中药学、农作物、肿瘤学、生物学、化学、计算机软件及计算机应用、自动化技术、轻工业手工业、环境科学与资源利用。

从高端论文产出情况来看，“十二五”初期的 2011 年，吉林省发表的 SCI 高被引论文较少，仅有 56 篇；2012 年，SCI 高被引论文数量有所增加，为 65 篇；而在“十二五”的中后期阶段，SCI 高被引论文的数量呈现大幅增长，年均超过了 100 篇。吉林省学者发表的 SCI 论文中至少有 178 篇的被引用次数超过 178 次。SCI 高被引论文主要来源于中国科学院长春应用化学研究所和吉林大学。“十二五”期间，吉林省共有 64 篇科技论文发表在国际四大名刊上。其中，12 篇论文发表在 Nature 上；5 篇论文发表在 Science 上；47 篇论文发表在 PNAS 上。“十二五”期间，吉林省学者发表的国内论文中至少有 108 篇论文的被引用次数超过 108 次。